Orthos Fachlabor für Kieferorthopädie
GmbH & Co. KG
Feldbergstraße 57
61440 Oberursel
Tel. 0 61 71 / 40 95

Klammt, Elastisch-Offener Aktivator

Georg Klammt

Der Elastisch-Offene Aktivator

Mit 47 Bildern und 5 Tafeln im Anhang

Carl Hanser Verlag München Wien

Autor:

SR Dr. med. dent. GEORG KLAMMT
Fachzahnarzt für Kieferorthopädie
DDR – 8900 Görlitz, Demianiplatz 26

CIP-Kurztitelaufnahme der Deutschen Bibliothek

Klammt, Georg
Der elastisch-offene Aktivator / Georg Klammt.
– München; Wien: Hanser, 1984.

ISBN 3-446-14066-2

Alle Rechte vorbehalten
Copyright 1984 by Johann Ambrosius Barth, Leipzig
Printed in the German Democratic Republic
Verlagslizenz-Nr. 285-125/34/84
Gesamtherstellung: Messedruck Leipzig

Inhalt

Geleitwort

Der «Offene Aktivator» und danach der «Elastisch-Offene Aktivator» stellen eine der gelungensten Modifikationen funktionskieferorthopädischer Behandlungsbehelfe dar und werden seit vielen Jahren weltweit angewendet. Trotzdem gibt es nur wenig Literatur zu dieser Behandlungsmethode und keine geschlossene Darstellung.

Herr Sanitätsrat Dr. G. KLAMMT, dem die Kieferorthopädie entscheidende Impulse zur Beschreitung neuer Wege in der Therapie der Gebißanomalien mit dem Elastisch-Offenen Aktivator verdankt, hat sich der Mühe der Erarbeitung dieser Monographie unterzogen. Der Autor hat seine großen Erfahrungen bei der Behandlung von Gebißfehlbildungen und speziell sein reiches Wissen in der Handhabung des Elastisch-Offenen Aktivators, das er in zahlreichen Kursen und Demonstrationen im In- und Ausland vermittelte, in dieses Buch einfließen lassen.

Zweifelsohne wird das vorliegende Werk großes Interesse in der Fachwelt finden und vielen Kollegen eine wertvolle Hilfe sein. An dieser Stelle soll zugleich die persönliche Wertschätzung und der Dank der Kieferorthopäden an den verehrten Kollegen zum Ausdruck gebracht werden.

Prof. Dr. habil. E. BREDY

Vorwort

Ziel der kieferorthopädischen Behandlung ist, nicht nur Formabweichungen von der Norm zu beseitigen, sondern Wachstums- und Entwicklungsprozesse biologisch zu steuern. Unsere Behandlungsmittel müssen zu diesem Zweck zuverlässig und rasch wirken, einfach in der Handhabung sein und das behandelte Kind nicht mehr als unvermeidbar belästigen. Mit dieser Aufgabenstellung wurde der bewährte klassische Aktivator von Andresen und Häupl durch viele Autoren modifiziert. Als eine solche Weiterentwicklung hat sich der Elastisch-Offene Aktivator seit Jahren in der Praxis bewährt.

Besonders jüngere Kollegen bedauerten, daß eine zusammenfassende Darstellung dieser Behandlungsmethode bislang fehlte, Angaben über Indikation, technische Herstellung und Behandlungsablauf nur verstreut oder gar nicht zu finden waren. Die vorliegende Schrift will diese Lücke schließen und den Elastisch-Offenen Aktivator als biologisch-formatives Behandlungsgerät für Gebißanomalien vorstellen. Um die Nutzbarkeit zu erhöhen, sind dem Text herausnehmbare bebilderte Konstruktionsanweisungen beigefügt, die die Herstellung der Geräte kommentieren.

So möge das Büchlein dem erfahrenen Kieferorthopäden wie dem jungen Kollegen, nicht zuletzt aber auch dem Zahntechniker, ein Wegweiser sein bei der Arbeit mit dem Elastisch-Offenen Aktivator zum Nutzen unserer jungen Patienten.

Görlitz, im Mai 1983 G. Klammt

1. Entwicklung des Offenen und des Elastisch-Offenen Aktivators aus dem Aktivator von Andresen-Häupl

1.1. Wesen des Aktivators

Der Elastisch-Offene Aktivator ist ein bimaxilläres funktionskieferorthopädisches Gerät. Er ist aus dem Aktivator von ANDRESEN-HÄUPL entstanden und wurde durch die Erfahrungen aus der täglichen Praxis verändert. Das Wesen der Funktionskieferorthopädie wurde von HÄUPL (11) und später von FRÄNKEL (9) formuliert. Nach HÄUPL «entsprechen nur diejenigen Apparate einer funktionellen Orthopädie, welche an sich passiv sind, durch Muskeltätigkeit wirksam werden, also nur der Übertragung der Muskeltätigkeit dienen. Die intermittierend erfolgenden Einwirkungen stellen funktionelle Reize dar. Diese Reize wirken trophisch, also gewebsbildend, veranlassen Knochenanbau und -abbau. Durch die Gestaltung von Führungsflächen wirkt sich der Aktivator aus als ein System von schiefen Ebenen». Es wird also nur der mastikatorische Effekt der Muskeltätigkeit als «funktionelle Kieferorthopädie» angesprochen und zwar unter unphysiologischen Voraussetzungen.

Der Begründer der funktionellen Kieferorthopädie ist aber ROBIN (14). Er hatte bereits 1909 den Monobloc als Turngerät für die Kiefer angegeben. Der Aktivator von ANDRESEN-HÄUPL ist im Aussehen und in der wissenschaftlichen Konzeption dem Monobloc sehr ähnlich, wurde aber aus dem HAWLEY-Retainer entwickelt.

Unter Berücksichtigung der damaligen orthodontischen Vorstellungen hatten die Arbeiten und die Behandlungserfolge von ANDRESEN und HÄUPL ein Umdenken zur Folge und brachten hervorragende neue Impulse für das Fachgebiet. Der Aktivator war über viele Jahre *das* Behandlungsgerät zur Umstellung der Bißlage. Wenn auch etwas modifiziert, ist er jedoch heute noch in manchen Kliniken das Mittel der Wahl für dieses Aufgabengebiet.

1.2. Problem der Bißsperre beim Konstruktionsbiß

Durch den Konstruktionsbiß wird der Unterkiefer in eine andere Einstellung gebracht und vom Aktivator in dieser dislozierten Stellung gehalten. Nach HERREN (13) wird er zwischen oberer und unterer Zahnreihe verklemmt. «Durch die Retraktoren des Unterkiefers, die ihn in seine natürliche Haltung zurückführen möchten, leitet der Aktivator diese Kräfte als reziproke Druckbelastung auf Zähne und Alveolarfortsatz weiter.» Pro 1 mm Bißsperre entstehen etwa 100 g starke Kräfte. HERREN wählt daher eine große Bißsperre. Bei Bißsperren von 4 bis 6 mm haben SANDER und SCHMUTH (25) 500 bis 700

Kraftimpulse in der Nacht bei Aktivatorträgern gemessen. Bei einer Bißsperre von 10 mm wurden 1000 und mehr Kraftimpulse gemessen. Der Dehnungszustand der Retraktoren des Unterkiefers wird während der Nacht vergrößert, der der Protraktoren verkleinert (FRÄNKEL [9]). Durch die Aktivität der Kaumuskeln während der Nacht auf die eingeschliffenen Führungsflächen des Aktivators erhalten die Zahnreihen zusätzlich Impulse in horizontaler Richtung, also im Sinne einer Kiefererweiterung.

1.3. Offener Aktivator

In der Folgezeit wurde der Aktivator mannigfaltig abgewandelt. Der primäre Anlaß für die Veränderungen war das große Volumen des Gerätes. Beim «Offenen Aktivator» (Bild 1) wird der vordere Geräteteil des Plasts ausgespart und

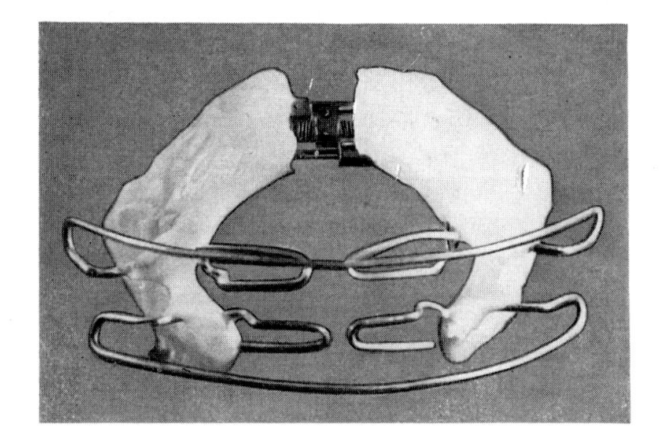

Bild 1 Offener Aktivator mit Dehnschraube

im Bereich der Schneidezähne durch Drähte ersetzt. Auf diese Weise wird der Raum für die Zunge größer. Der Offene Aktivator kann auch am Tage getragen werden, weil das Sprechen damit möglich ist. Die vestibulären und oralen Drähte bieten eine Vielfalt von Möglichkeiten, auf die Schneidezähne einzuwirken und sie entsprechend dem Behandlungsverlauf anzupassen. Eine Dehnschraube im palatinalen Anteil des Offenen Aktivators ermöglicht es, den Kontakt des Gerätes mit den oralen Flächen der Backenzähne immer wieder herzustellen. Die Schraube wird nicht zur aktiven Dehnung, sondern als Nachstellschraube benutzt. Diese Abänderung des Aktivators hat sich in der Praxis sehr bewährt. Die morphologischen Veränderungen der Zahnstellungen sowie der Bißlage erfolgen schneller als beim Aktivator von ANDRESEN-HÄUPL. Auch wenn der Offene Aktivator im Unterricht nicht getragen wird, sondern erst am Nachmittag und in der Nacht, ist die Dauer der Einwirkung wesentlich länger. Eine Bißsperre beim Konstruktionsbiß muß vermieden werden, sie würde das Kind beim Sprechen und Speichelschlucken hindern. Am Tage sind die oralen Funktionen des Mundbereiches aktiver als in der Nacht. Von Vorteil erweist es sich, daß das Gerät dem Behandlungsfortschritt jeweils angepaßt werden kann durch das Nachstellen der Schraube und der Drahtelemente. BREDY (6) hat 1964 über 50 Fälle berichtet, die mit dem Offenen Aktivator behandelt wurden. Die genannten Vorteile des Offenen Aktivators gegenüber dem bisherigen wurden bestätigt: Das Gerät «eignet sich vorzüglich» zur Behandlung von Anomalien im Wechselgebiß, weil der Zahnwechsel gleichzeitig erfolgen und gesteuert werden kann. Als besonders günstige Indikationen dafür werden der Schmalkiefer bei Distalbiß, der umgekehrte Frontzahnüberbiß und der offene Biß genannt.

1.4. Elastisch-Offener Aktivator (EOA)

Er unterscheidet sich vom Offenen Aktivator der Form nach dadurch, daß der starre palatinale Anteil des Offenen Aktivators nebst der Schraube durch einen elastischen Draht ersetzt wurde. Dadurch wird das Volumen des Aktivators auf funktionswichtige Elemente reduziert. Es besteht keine starre Verbindung zwischen den Gerätehälften mehr. Dank des geringen Volumens und Gewichtes kann und soll der Elastisch-Offene Aktivator nicht nur nachts, sondern den ganzen Tag über getragen werden. Er bestimmt auf diese Weise die durch den Konstruktionsbiß veränderten Funktionen im Mund-Kiefer-Bereich und wird nicht erst wirksam durch die Aktivität der Kaumuskeln mit dem System der schiefen Ebenen. Sowohl von der Konstruktion wie von der Aufgabenstellung her ist der EOA kein Aktivator im alten Sinne mehr. Es ist vielmehr eine völlig neue Biodynamik entstanden. Von den elastischen Geräten schreibt BIMLER (5): «Die Beobachtung der klinischen Effekte derartiger umgestalteter Behandlungsgeräte ergeben eine unerwartete Fülle neuartiger Phänomene, die mit den bisherigen Vorstellungen über den Wirkungsmechanismus der funktionellen Apparate in offenbarem Widerspruch standen . . . Das Kriterium der funktionellen Therapie besteht in der Umstellung des nicht fixierten Behandlungsgerätes unter die Reflexkontrolle des Patienten, d. h., die von den funktionellen Behandlungsmitteln ausgehenden Einwirkungen werden vom Körper selbst dosiert.»

2. Beschreibung des Elastisch-Offenen Aktivators

Er besteht aus zwei paarigen Plastteilen, die durch einen Gaumenbügel miteinander verbunden sind. Die Schneidezähne werden geführt durch einen oberen und einen unteren Lippenbügel, von der oralen Seite durch paarige Drähte (Standardgerät Bild 2 und 3).

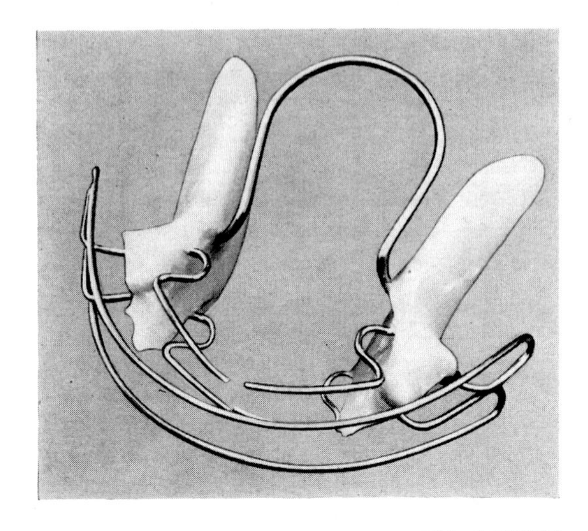

Bild 2 Elastisch-Offener Aktivator *ohne* Führungsflächen

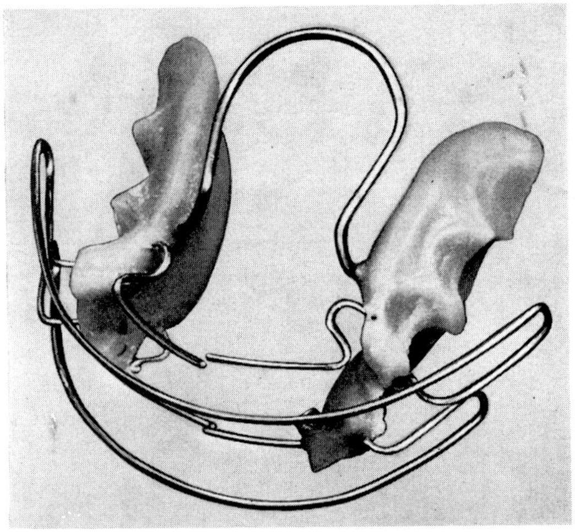

Bild 3 Elastisch-Offener Aktivator *mit* Führungsflächen

2.1. Plastanteile

Die Plastteile reichen vom Eckzahn bis zum jeweils letzten Backenzahn. Sie berühren die oralen Flächen der Seitenzähne sowie die angrenzende Schleimhaut. Der EOA wird je nach Aufgabe *ohne* oder *mit* Führungsflächen hergestellt. Bei dem Gerät *ohne* Führungsflächen (Bild 4a) sind diese Flächen glatt, also ohne Zahnrelief. Bei dem Gerät *mit* Führungsflächen (b) dringt der Plast in die Interdentalräume ein. Die Kauflächenanteile bleiben in jedem Falle frei (c). Eine vertikale Abstützung erfolgt an den Eckzähnen. Die der Zunge zugewen-

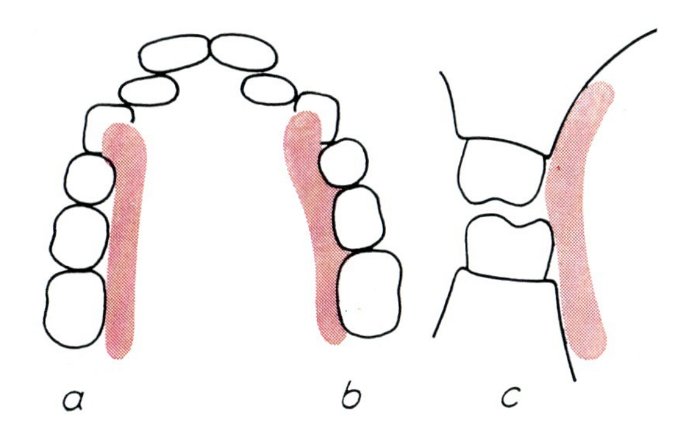

Bild 4 Gestaltung der Plastteile. *a ohne* Führungsflächen; *b mit* Führungsflächen; *c* Kauflächen bleiben frei

deten Flächen werden konkav gestaltet, damit der Zunge viel Platz bleibt. Die Plastteile haben die Aufgabe:

- die Drahtelemente zu fixieren,
- den Unterkiefer in der neuen Einstellung zu halten,
- gemeinsam mit den Drahtführungen die Funktionen von Lippen und Zunge zu beeinflussen,
- den Zahnwechsel zu steuern.

2.2. Gaumenbügel

Die beiden Plastteile sind durch einen Gaumenbügel miteinander verbunden. Er verläßt den Plast palatinal der ersten oberen Prämolaren und verläuft in weitem Bogen bis zur gedachten distalen transversalen Verbindung der ersten Molaren. Er darf die Zunge nicht belästigen und muß nahe an der Gaumenschleimhaut liegen. Er soll sie aber nicht berühren, damit er sich nicht einlagern kann. Zum Gaumenbügel verwenden wir die Drahtstärke 1,2 mm hart.

2.3. Labialbögen

Sie verlaufen jeweils zwischen Eckzahn und erstem Prämolaren der oberen und unteren Zahnreihe nach dem Mundvorhof und bilden eine Schlaufe im Bereich der Mitte des zweiten Prämolaren oder Milchmolaren. In gleichmäßiger Krümmung, die etwa dem idealen Zahnbogen entspricht, berühren sie die Frontzähne nur an vorspringenden Stellen. Die Labialbögen werden, wie alle anderen Drahtelemente außer dem Gaumenbügel, aus 0,9 mm hartem, nicht federhartem Draht gebogen. Der federharte Draht bricht leicht, wenn er nachgestellt wird. Eine Federung ist außerdem unerwünscht. Bei dieser Anordnung erfüllen die Labialbögen folgende Aufgaben:

- den Frontzahnbogen zu formen (Einstellung der Schneidezähne),
- den Tonus der Lippen zu steuern, die Lippen an das Gefühl der Rundung des Zahnbogens zu gewöhnen,
- die Wangen von den Seitenzähnen abzuhalten,
- einen labialwärts durchbrechenden Eckzahn oder Prämolaren zu führen.

2.4. Intraorale Führungsdrähte

Die paarigen Führungsdrähte liegen den Palatinal- bzw. Lingualflächen der Schneidezähne an. Bei der Austrittsstelle aus dem Plast wird eine Krümmung gebogen, damit die Drähte entsprechend dem Behandlungsverlauf nachgestellt werden können. Sie haben die Aufgabe, als Antagonisten die Schneidezähne zu führen.

2.5. Lippenschilder

Bei einigen Anomalien ist es notwendig, die Oberlippe oder die Unterlippe von der Zahnreihe und vom Alveolarfortsatz abzuhalten. Das geschieht mit einem Lippenschild an Stelle des Labialbogens. Er liegt tief in der Umschlagfalte. Bei entsprechender Indikation wird ausführlich darauf eingegangen (s. Deckbiß und progener Formenkreis).

3. Konstruktionsbiß

3.1. Ausführung des Konstruktionsbisses

Der EOA hat die Aufgabe, wie auch alle anderen bimaxillären Geräte, die Lage des Unterkiefers zu verändern. Durch Einbiß in erweichtes Wachs sollen die Arbeitsmodelle fixiert werden. Dem Kind wird ein Spiegel in die Hand gegeben und die Einstellung des Unterkiefers geübt. Auf die Übereinstimmung der Mitten der oberen und unteren Schneidezähne muß besonders geachtet werden. Wenn die Schneidezahnmitten im Mund des Patienten nicht übereinstimmen (Unterkieferschwenkung), wird der Konstruktionsbiß nach der anderen Seite überkompensiert. Eine erweichte Wachsrolle wird auf die untere

Zahnreihe gelegt und das Kind aufgefordert, die Zahnreihen langsam zu schließen bis zum Kontakt der Schneidezähne. Weil der Konstruktionsbiß die Einstellung und Führung des Unterkiefers festlegt, muß diese Maßnahme mit großer Sorgfalt durchgeführt werden. Die gesamte Mundregion einschließlich der Kiefergelenke und der mimischen Muskulatur müssen sich darauf einstellen.

Grundsätzlich richten wir den Konstruktionsbiß auf Berührung der Kanten der Schneidezähne ein, sowohl in vertikaler wie in sagittaler Richtung. Auch bei einer Schneidezahnstufe von 10 mm können wir ohne Bedenken auf Kopfbiß einstellen. Ist die Schneidezahnstufe größer, ist es ratsam, eine Zwischeneinstellung auf etwa zwei Drittel des Ausmaßes zu wählen. Abweichend vom Konstruktionsbiß für den Aktivator nach Andresen-Häupl darf der Biß nicht gesperrt werden. Die Schneidezähne sollen sich berühren. Eine Bißsperre wäre dem Kind sehr unbequem und würde stören, vor allem aber beim Schlucken und beim Sprechen. Für die progene Situation und für den seitlichen Kreuzbiß werden die Besonderheiten zur Konstruktionsbißnahme an entsprechender Stelle besprochen.

3.2. Verhalten der Backenzähne

Wenn sich die Kanten der Schneidezähne berühren, geraten im allgemeinen die Prämolaren und Molaren außer Kontakt mit ihren Antagonisten. Fehlt der zweite Milchmolar, so wird der erste Molar, entsprechend seiner Entwicklungs-

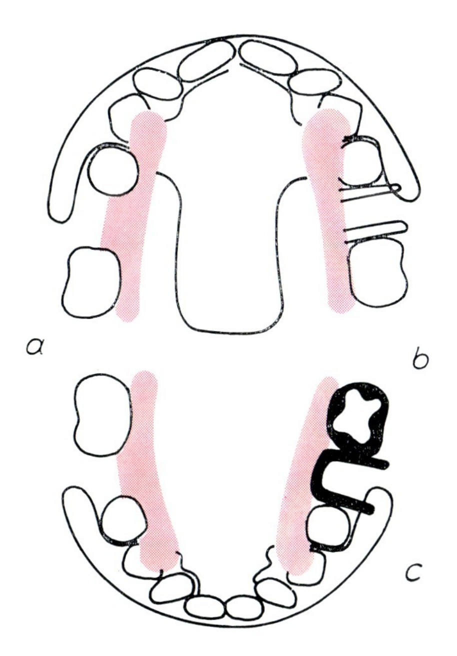

Bild 5 Offenhalten einer Lücke für den zweiten Prämolaren. *a* mit Plast; *b* mit rücklaufenden Drähten; *c* mit festem Lückenhalter

tendenz, nach mesial in die Lücke kippen und dem später durchbrechenden zweiten Prämolaren den Platz wegnehmen. Diese Lücke muß mit dem EOA offengehalten werden. Das geschieht bei dem Gerät *mit* Führungsflächen durch Ausfüllen der Lücke mit Plast (a). Bei dem EOA *ohne* Führungsflächen, also bei glatten Wänden, werden rücklaufende Drähte (0,9 mm) vor und hinter der Lücke angebracht (b). Am sichersten ist es, besonders bei unzuverlässigen Kindern, einen festsitzenden Lückenhalter einzugliedern (c). Der EOA wird gleichzeitig getragen.

4. Indikationen für den Elastisch-Offenen Aktivator

Der EOA bietet die Möglichkeit, verschiedene Konstruktionselemente in Anwendung zu bringen. Sie können während des Behandlungsverlaufes verändert oder durch andere ersetzt werden. Dadurch werden nicht nur die Indikationsbereiche erweitert, sondern das jeweilige Gerät kann länger im Gebrauch bleiben.

Als *Indikationen* sind zu nennen:

1. Kieferkompression mit Distalbiß. Auch für Neutralbiß, aber nur in solchen Fällen, wenn für die Behandlung mit aktiven Platten die Phase des Zahnwechsels ungeeignet ist. Infolge der durch den EOA übermittelten Impulse wird der Kiefer zur Entfaltung angeregt,
2. Protrusion der oberen Frontzähne bei Distalbiß,
3. Deckbiß, Tiefbiß,
4. progener Formenkreis, Kreuzbiß der Schneidezähne,
5. Kreuzbiß einer Kieferseite,
6. frontal offener Biß,
7. Extraktionstherapie,
8. bialveoläre Protrusion.

Für die genannten Indikationsbereiche werden klinische Fälle vorgestellt. Die Besonderheiten und die Konstruktionselemente werden jeweils erläutert.

4.1. Kieferkompression mit frontalem Engstand und Distalbiß

Der EOA entspricht für dieses Aufgabengebiet im wesentlichen dem Standardgerät. Aber bei hochgradigem Engstand im Schneidezahnbereich werden die

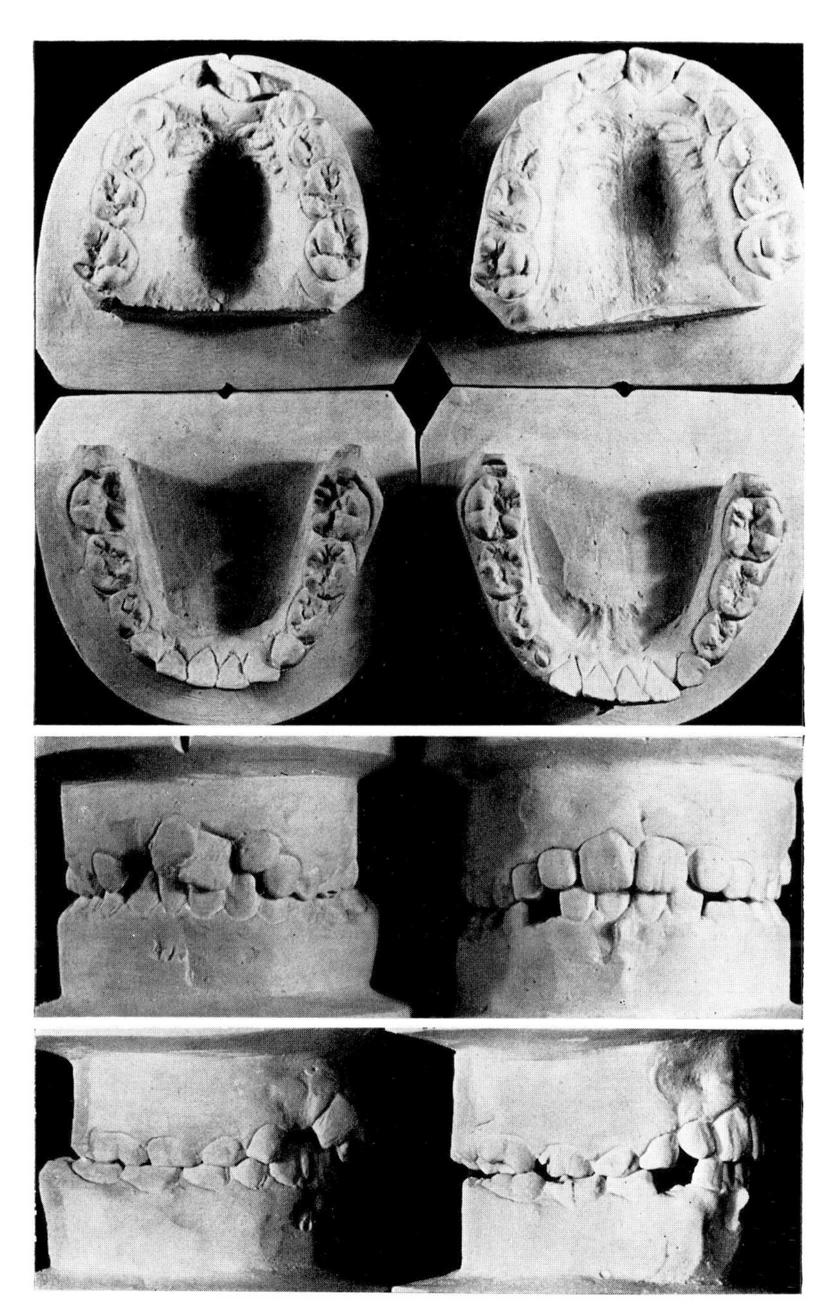

Bild 6 H., Sabine. Behandlung einer Kompression und Distalbiß. Zustand nach 17 Monaten, zwei EOA

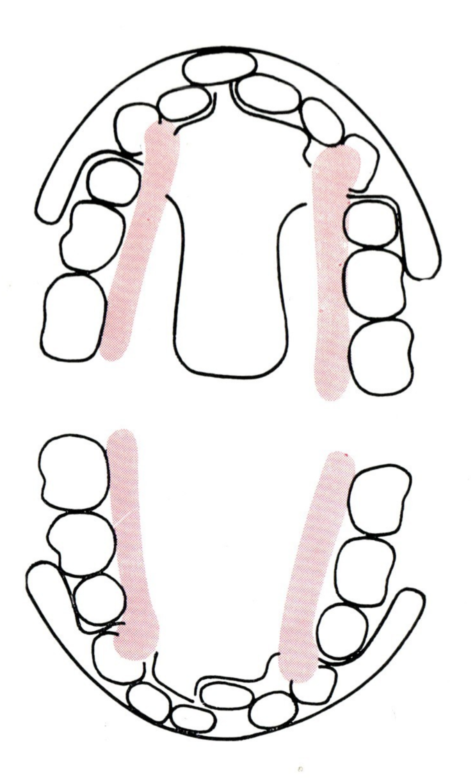

Bild 7 Anordnung der Konstruktionselemente bei Kompression mit frontalem Engstand

oralen Führungsdrähte in der Weise abgeändert, daß sie die einwärts stehenden Zähne umfassen (Bild 7). Ebenso kann der obere Labialbogen geteilt werden.

H., Sabine, starke Kieferkompression mit frontalem Engstand und Distalbiß (Bild 6): der Oberkiefer wurde um 6 mm erweitert und um 4 mm gestreckt. Der Unterkiefer um 4 mm erweitert und um 5 mm gestreckt. Das Photo zeigt

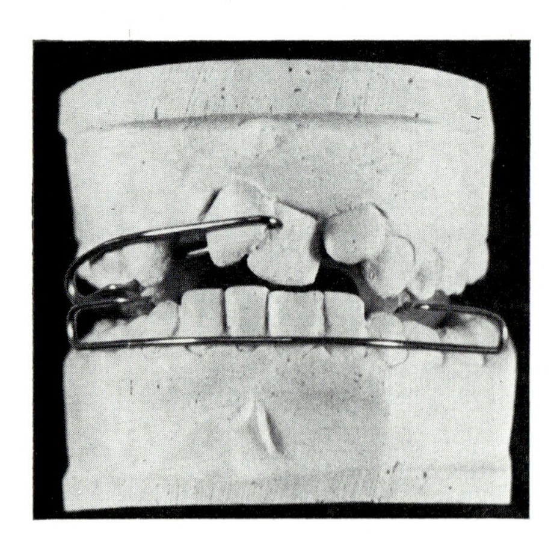

Bild 8 Das zuerst verwendete Gerät. «Versetzte» Schneidezahnführung für 11, analog für 21 von palatinal

den Zustand nach 17 Monaten. Verwendet wurden zwei EOA: der erste entsprechend dem Bild 8, der zweite, ein Standardgerät *mit* Führungsflächen, wie auf Bild 3.

4.2. Protrusion der oberen Schneidezähne, Kompression und Distalbiß

Der EOA entspricht dem auf Bild 2 gezeigten Gerät, jedoch ohne die palatinalen Führungen, weil die Schneidezähne retrudiert werden sollen (Bild 9).

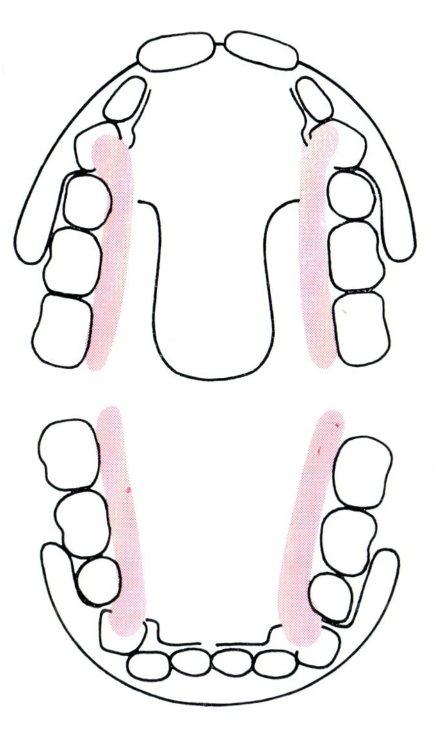

Bild 9 Anordnung bei Protrusion der oberen Schneidezähne, Distalbiß

Im Fall W., Ingrid (Bild 10) bestand Flachfront im Unterkiefer. Schneidezahnstufe 16 mm. Der Oberkiefer wurde um 8 mm erweitert, die Schneidezähne um 3 mm retrudiert. Der Unterkiefer wurde um 5 mm erweitert und gestreckt, so daß die Schneidezähne um 7 mm weiter nach vorn kamen. Das Photo zeigt den Zustand nach 24 Monaten. Verwendet wurden 2 EOA. Obwohl die Schneidezahnstufe 16 mm betrug, wurde der Konstruktionsbiß für das erste Gerät bereits auf Kopfbiß eingestellt und vom Kind ohne Beschwerden vertragen. Es war ein gelungener Versuch. Im allgemeinen ist es ratsam, eine sehr große Schneidezahnstufe in zwei Etappen zu überwinden. Im vorgestellten Fall soll-

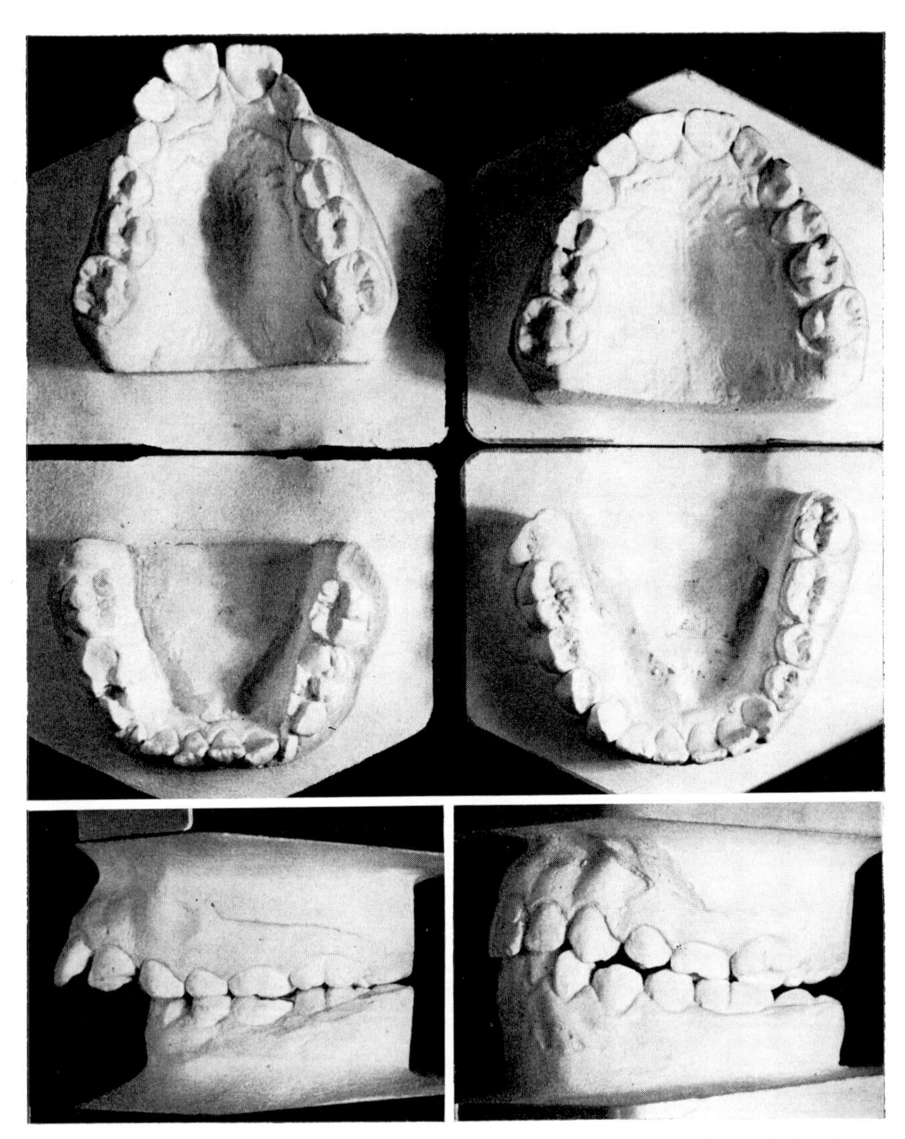

Bild 10 W., Ingrid. Behandlung einer Protrusion mit Kompression und Distalbiß. Schneidezahnstufe 16 mm, zwei EOA

ten die oberen Schneidezähne retrudiert werden, die unteren mußten protrudiert werden. Die Rückfalltendenz des Unterkiefers vermittelt in diesem Fall reziproke Impulse für die oberen und unteren Schneidezähne. Die Schneidezahnstufe verringert sich bei diesem Anfangsbefund auffallend. Das zuerst verwendete Gerät entsprach dem auf Bild 9. Eine kurze palatinale Führung um

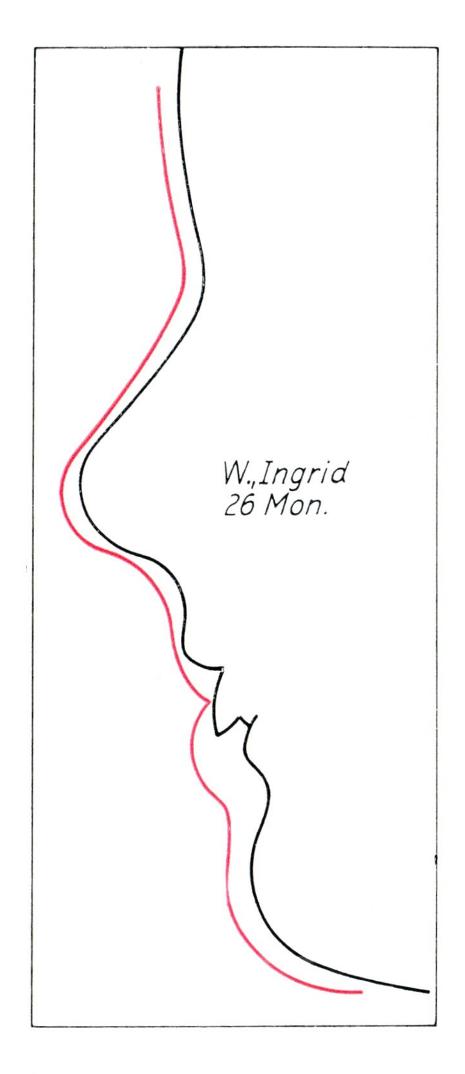

Bild 11 W., Ingrid. Veränderung des Profils nach 26 Monaten. Lippenschluß war nicht möglich

die seitlichen oberen Schneidezähne soll diese in die Kiefererweiterung einbeziehen. Das zweite Gerät entsprach wieder dem Standard-EOA *mit* Führungsflächen, jedoch ohne palatinale Führungen. Bild 11 zeigt die Durchzeichnungen von Photostataufnahmen, die zu Behandlungsbeginn und nach 26 Monaten vorgenommen wurden. Lippenschluß war bei Behandlungsbeginn nicht möglich. Die Labiallaute wurden zwischen Unterlippe und oberen Schneidezähnen artikuliert. Die Unterlippe war hinter den oberen Schneidezähnen eingelegt. Die Veränderung des Unterkiefers und die Normalisierung des Lippenprofils und der harmonische Ausdruck des Gesichtes sind überzeugend. Auf Millimeterpapier sind die Veränderungen auch metrisch abzulesen.

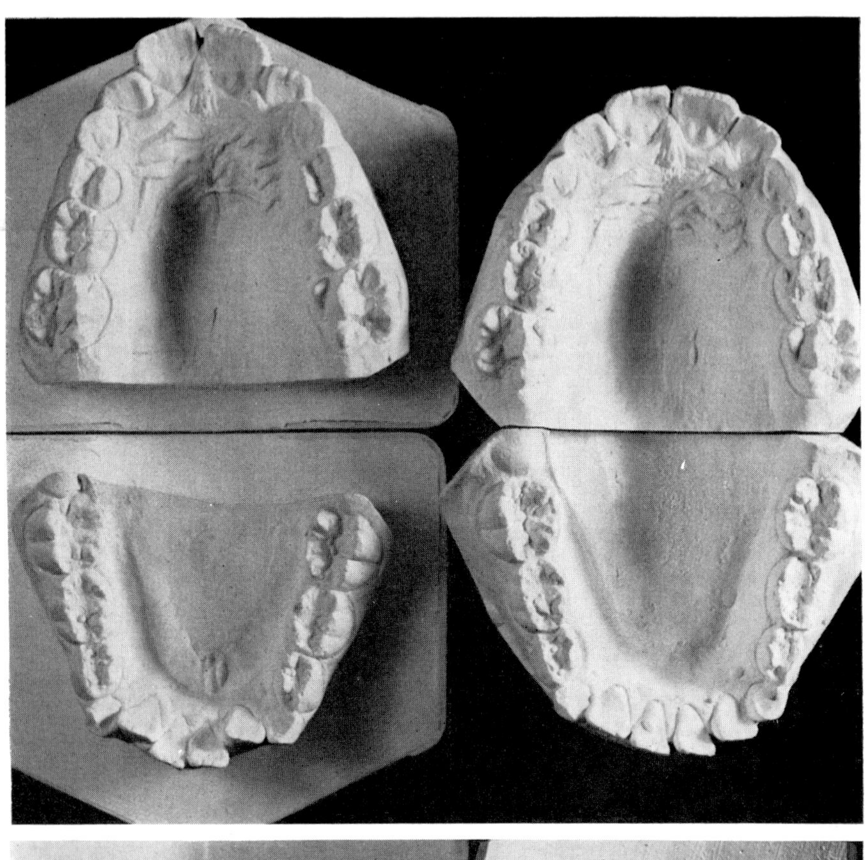

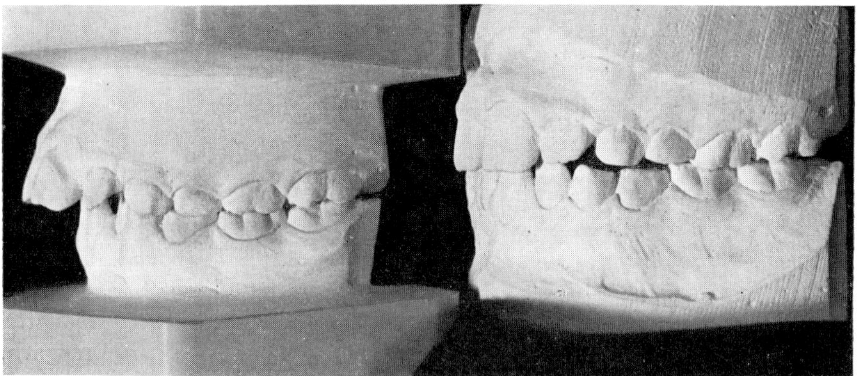

Bild 12 S., Birgit. Behandlung einer Protrusion, von frontalem Engstand, Distalbiß. Schneidezahnstufe 8 mm, ein EOA, Zustand nach 5 Monaten

S., Birgit (Bild 12), ein anders gearteter Fall von Protrusion mit Distalbiß, Schmalkiefer und tiefem Biß. Die Schneidezahnstufe betrug 8 mm. Der Oberkiefer wurde um 5 mm erweitert, die Schneidezähne um 2,5 mm retrudiert, der Unterkiefer um 4,5 mm erweitert, die Schneidezähne um 1 mm protrudiert. Neutralbiß ist eingestellt, der tiefe Biß behoben. Das Bild zeigt den Zustand nach 5 Monaten. Die Milchmolaren klaffen und sind an der Bißhebung nicht mehr beteiligt. Der EOA war *ohne* Führungsflächen. Die oralen Drahtführungen umgreifen die oberen und unteren seitlichen Schneidezähne von mesial. Sobald die unteren Schneidezähne eingeordnet sind und nicht weiter protrudiert werden dürfen, führen wir die paarigen Plastteile hinter den unteren Schneidezähnen entlang bis fast zur Mitte (linguale Pelotten). Diese geben dem Unterkiefer die Führung in die Neutrallage, ohne die Schneidezähne zu kippen (Bild 13).

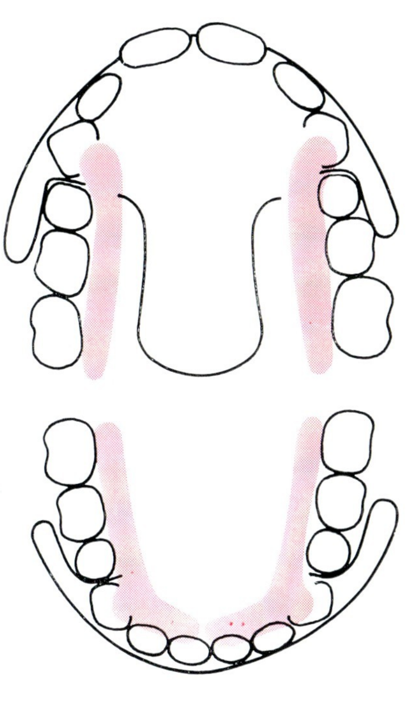

Bild 13 Anordnung bei Protrusion mit «lingualen Pelotten»

4.3. Deckbiß mit Distalbiß

Die Schwierigkeit, morphologisch betrachtet, besteht in der Aufgabe, die invertierten oberen Schneidezähne aufzurichten, den Unterkiefer aber gleichzeitig in die Neutrallage zu führen. Beide Komponenten sind geeignet, den EOA nach distal zu dislozieren. Bei dem Gerät zur Deckbißbehandlung muß also für gute Abstützung in sagittaler Richtung gesorgt werden. Wenn die oberen Milchmolaren noch stehen, werden sie an der distalen Approximalfläche beschliffen, und in diese Rille greift ein rücklaufender Drahtfinger. Der EOA wird *ohne* Führungsflächen hergestellt.

Wenn die bleibenden Prämolaren bereits vorhanden sind, werden Führungsflächen notwendig. Ein kurzer Draht kann vor die Molaren gelegt werden. Er sichert die sagittale Abstützung zusätzlich zu den Führungsflächen.

Deckbißträger weisen einen starken Muskeltonus der Unterlippe und häufig eine tiefe Supramentalfalte auf, worauf FRÄNKEL (8) besonders hingewiesen hat. Aus diesem Grund versehen wir den unteren Labialbogen mit einem Lippenschild, ähnlich, wie er für den Funktionsregler angegeben ist. Er soll tief in der Umschlagfalte liegen und von der Schleimhaut des Alveolarfortsatzes abstehen. Der untere Rand darf nicht einschneiden und soll rund sein, «wie der Rücken eines Kammes». Das Bild 14 zeigt auf der linken Seite die Anordnung für ein Deckbißgerät, wenn die Milchmolaren noch vorhanden sind (a). Der EOA ist in diesem Fall *ohne* Führungsflächen. Auf der rechten Seite wird angenommen, daß die Prämolaren sich eingestellt haben (b). Der EOA hat dann Führungsflächen. Bei Deckbiß mit Engstand der oberen Schneidezähne, wobei die seitlichen nach labial, die mittleren invertiert stehen, wird der obere Labialbogen geteilt. Die freien Enden umgreifen die seitlichen Schneidezähne. Ohne daß der EOA «aktiviert» wird, ordnen sich die Schneidezähne in kurzer Zeit ein.

Wenn im Schneidezahnbereich kein Engstand besteht, legen wir den Lippenschild hinter die Oberlippe. Die Schneidezähne richten sich schneller auf.

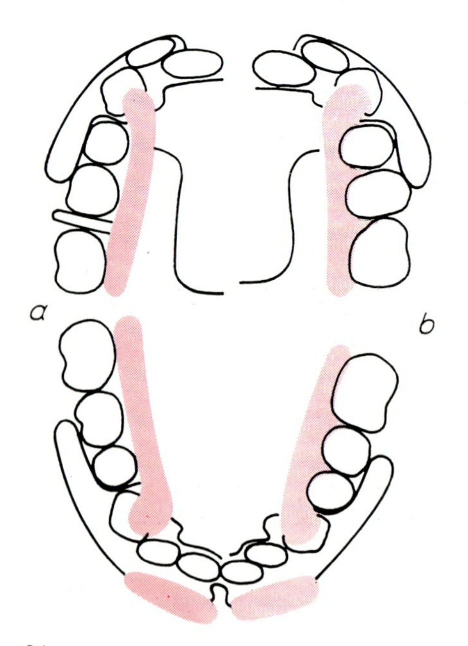

Bild 14 Anordnung für die Behandlung des Deckbisses mit Kompression und Distalbiß. *Linke* Seite (*a*) Milchmolaren stehen noch (*ohne* Führungsflächen); *rechte* Seite (*b*) mit Prämolaren (*mit* Führungsflächen). Labialbogen geteilt, Lippenschild unten

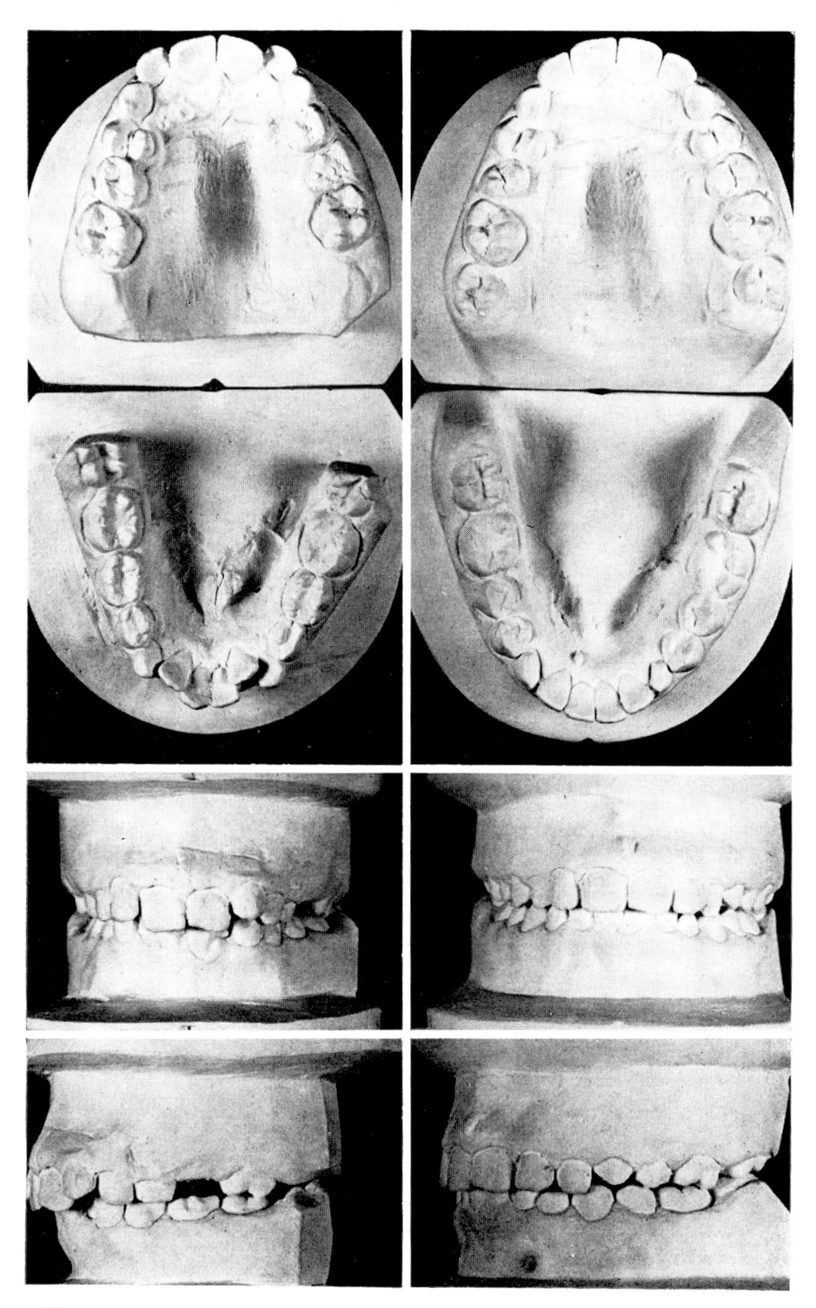

Bild 15 F., Barbara. Deckbißbehandlung, Zustand nach 7 Monaten, ein EOA

F., Barbara (Bild 15). Deckbiß mit Kompression und Distalbiß. Beide Kiefer wurden um 5 mm erweitert. Einstellung der Schneidezähne und der Bißlage. Zustand nach 7 Monaten mit einem EOA. Die oberen Milchmolaren wurden an den Distalflächen beschliffen. Die labialen Drähte umfassen die seitlichen Schneidezähne entsprechend dem Bild 16, es zeigt ein Deckbißgerät auf dem Modell.

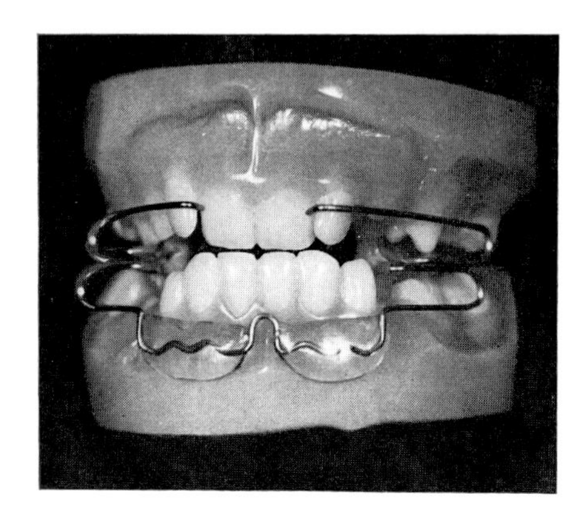

Bild 16 Deckbißgerät auf dem Modell

Sch., Hans-Jürgen (Bild 17). Zustand nach 17 Monaten mit 2 Geräten. Bei dem ersten EOA wurde der Labialbogen ebenfalls geteilt. Um die unteren Schneidezähne nicht nach vorn zu kippen, wurden linguale Pelotten verwendet, wie bereits im Abschnitt 4.2. beschrieben. Zweiter EOA wie Standard-Gerät *mit* Führungsflächen.

Noch eine anders geartete Deckbißbehandlung soll vorgestellt werden:

J., Lothar. Bei dem $12^1/_2$jährigen Jungen bestand ein breiter Deckbiß. Fast völliger Platzmangel für 13. Der Raum für 45 war eingeengt. Das Photo (Bild 18) zeigt den Zustand nach 14 Monaten. Der Unterkiefer wurde um 4 mm gestreckt, 13 und 45 sind eingeordnet. Gute Bißhebung. Die untere Schneidezahnmitte weicht gering nach links ab wegen des Verlustes von 36. Zwei elastische Geräte wurden verwendet.

Weil die Prämolaren bereits durchgebrochen waren, wurde der EOA *mit* Führungsflächen hergestellt. Um den Oberkiefer zu strecken und die Schneidezähne aufzurichten, wurde der *obere* Lippenbügel durch ein Lippenschild ersetzt. Die rechte palatinale Drahtführung war rücklaufend. Bild 19 veranschaulicht die Änderung des Profils nach Behandlung eines Deckbisses. Die tief eingezogene Supramentalfalte ist verschwunden. Das Profil ist harmonisch.

Beim Deckbiß ist die Gefahr des Rezidivs besonders groß. Wenn das morphologische Behandlungsziel erreicht ist, setzen wir im Unterkiefer einen «Retainer» ein (Bild 20). Die ersten Prämolaren erhalten Bänder und werden mit einem Draht verschweißt, der den Lingualflächen der Schneidezähne gut anliegen muß. Diese starre Verbindung verhindert den gefürchteten sekundären Engstand und

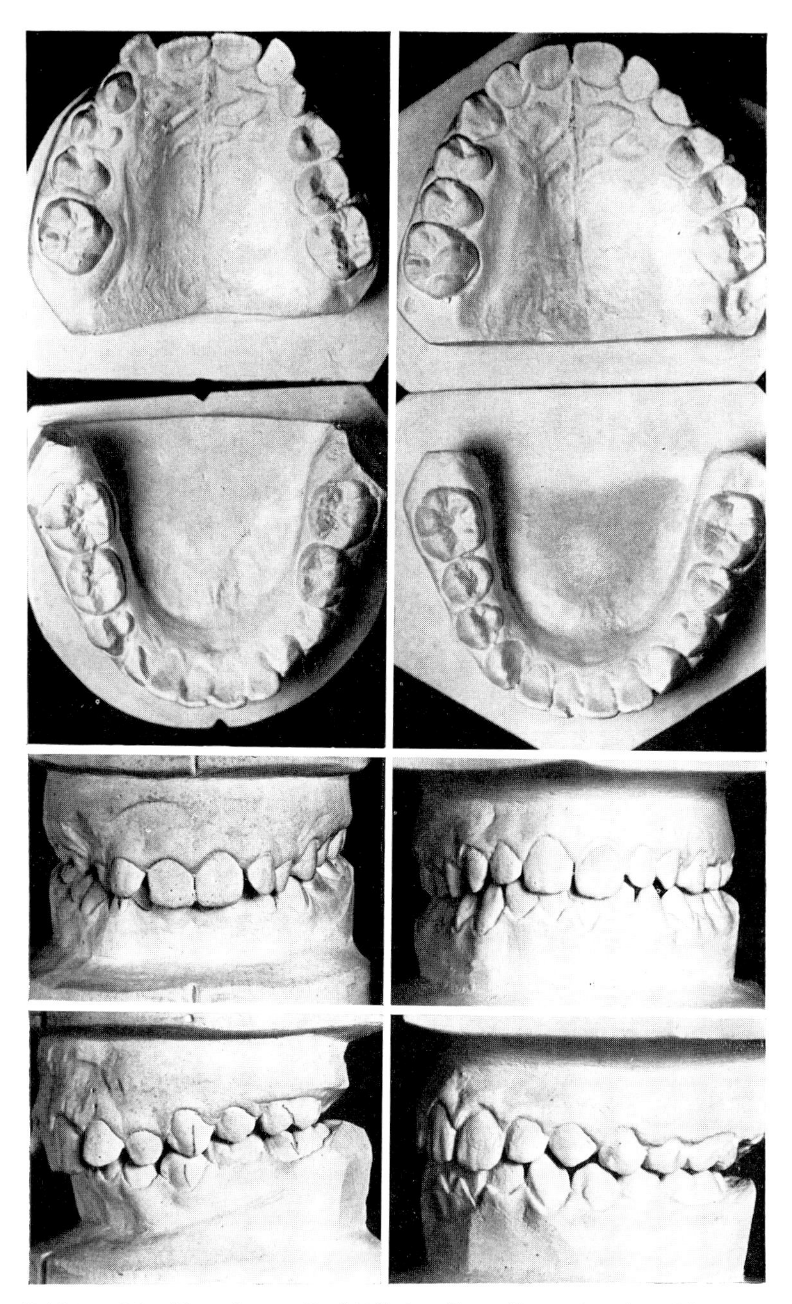

Bild 17 Sch., Hans-Jürgen. Deckbißbehandlung, Zustand nach 17 Monaten, zwei EOA, linguale Pelotten

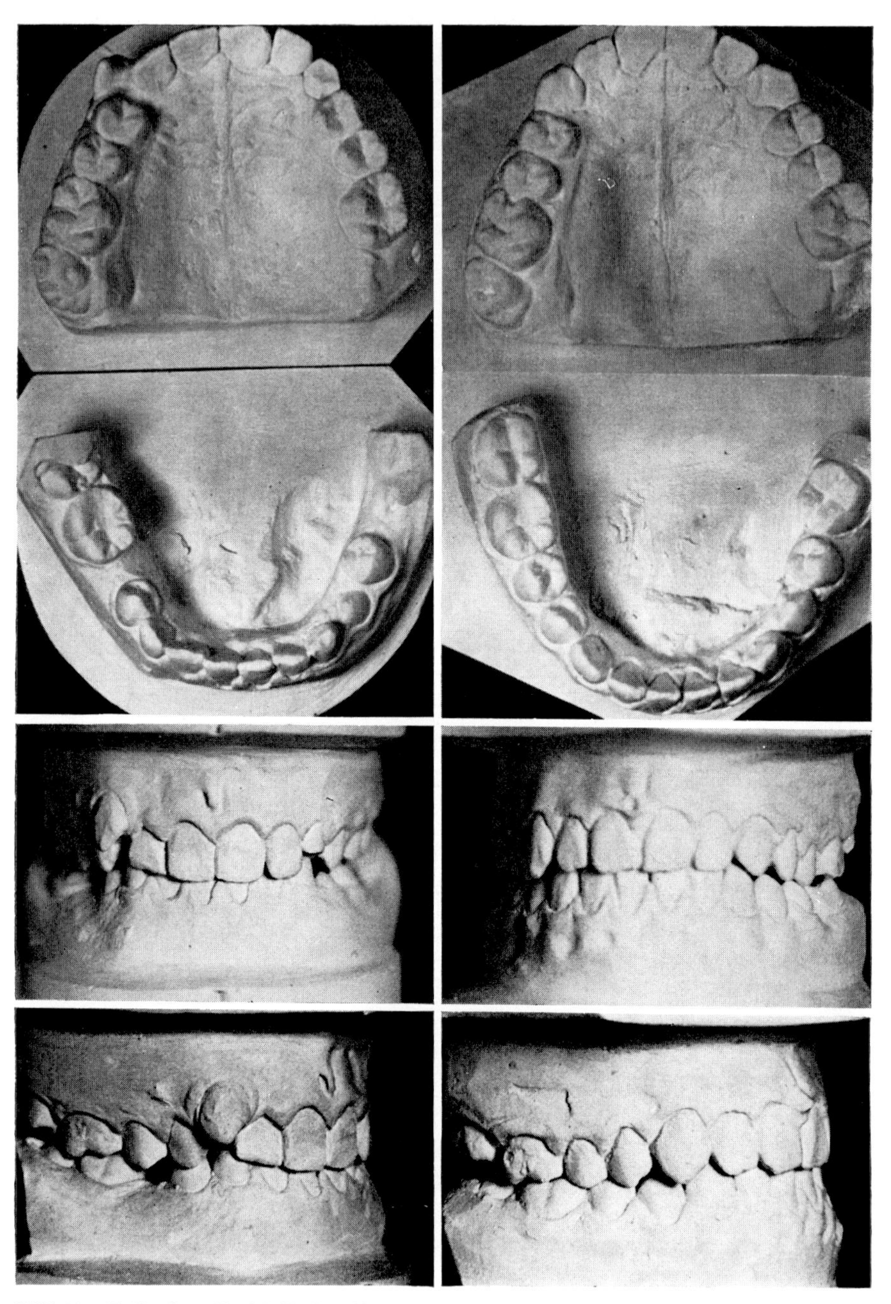

Bild 18 J., Lothar. Deckbißbehandlung im bleibenden Gebiß. Zustand nach 14 Monaten, zwei EOA, 13 und 45 sind eingeordnet

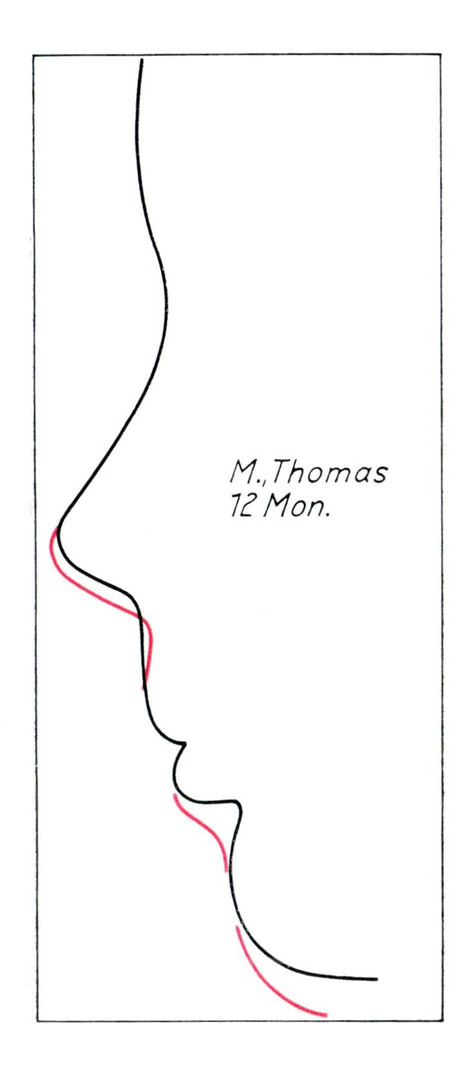

Bild 19 Veränderung eines Deckbißprofils nach 12 Monaten. Bißhebung und Ausgleich der Supramentalfalte

das Lingualkippen der unteren Schneidezähne. Der Retainer soll wenigstens 6 Monate belassen werden. Für den Oberkiefer genügt eine Retentionsplatte. Sie wird für einen bis zwei Monate nachmittags und nachts getragen. Dann genügt das nächtliche Tragen der Platte. Die Retentionsplatte ist nicht zu sehen, weil sie ohne Labialbogen hergestellt ist. Es besteht also kein Hindernis, sie zu tragen.

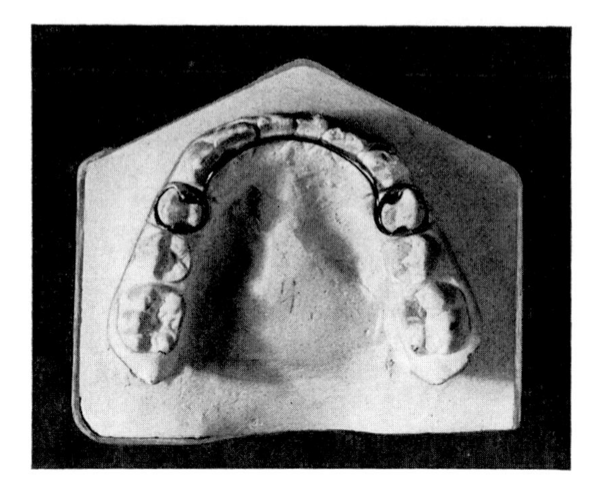

Bild 20 Retainer

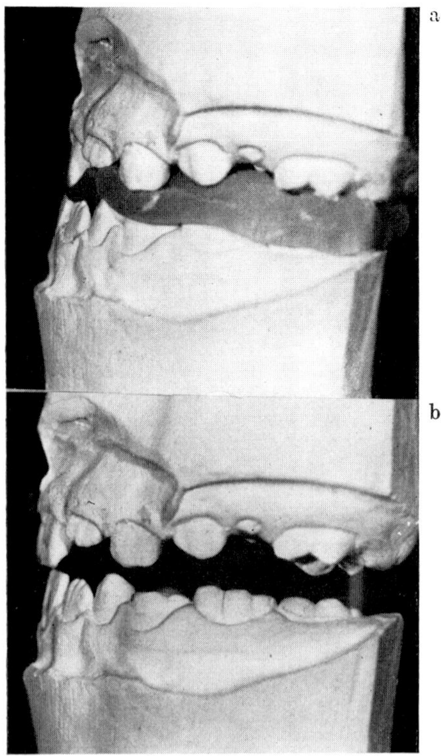

Bild 21 Progeniebehandlung. Änderung des Konstruktionsbisses im Labor. Bei *a* Position der Modelle durch den Konstruktionsbiß; *b* nach Verlagerung des oberen Modells

4.4. Progener Formenkreis, Kreuzbiß der Schneidezähne

Die Entwicklung des Unterkiefers soll gebremst, die des Oberkiefers gefördert werden. Das beginnt bereits beim Konstruktionsbiß. Mit dem Kind wird die möglichst rückwärtige Unterkieferhaltung geübt. Zum Wachseinbiß geben wir dem Kinn noch einen Impuls mit der Hand, um Berührung der Schneidezahnkanten zu erreichen. Im Labor wird das obere Modell noch um 1 mm nach vorn gebracht. Auf diese Weise erzielen wir bereits eine positive Schneidezahnstufe. Bild 21a zeigt die beim Konstruktionsbiß erreichte Position der Modelle, im Wachs fixiert. Bei b ist das obere Modell im Fixator um 1 mm vorgeschoben. Für diese Manipulation haben wir den Fixator abändern lassen. Die bereits positive Schneidezahnstufe ist erkennbar.

Besonderheiten zur Herstellung des EOA für den progenen Formenkreis (Bild 22):

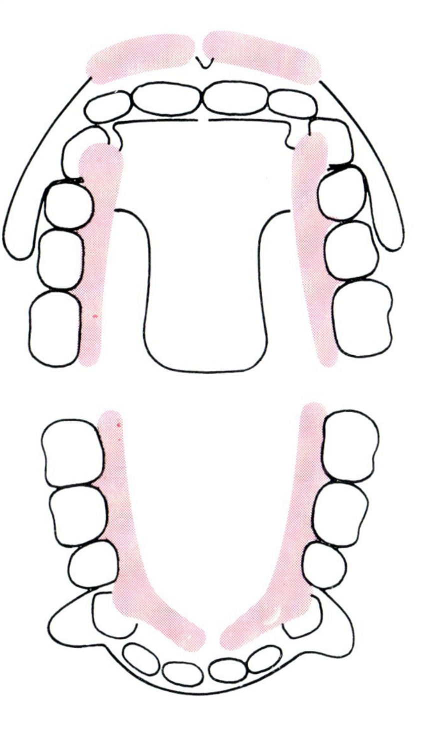

Bild 22 Anordnung für den progenen Formenkreis

Das Gerät muß *mit* Führungsflächen hergestellt werden. Es würde sonst wegen der Mesialtendenz des Unterkiefers im dorsalen Teil nach unten disloziert werden und dem Unterkiefer zusätzliche Entwicklungsimpulse geben. Der untere Labialbogen wird mit U-Schlaufe versehen, wie wir sie von der aktiven Platte her kennen. Bei nächtlichen unbewußten Öffnungs- und Schließbewegungen des Mundes werden die unteren Schneidezähne durch die Schlaufen wieder in die richtige Position geführt. Dagegen würden, wenn der sonst für den EOA angewandte horizontal verlaufende Labialbogen verwendet wird, die unteren Schneidezähne in der ganzen Breite auf den Draht beißen und Brüche verursachen. Der untere Labialbogen muß den Schneidezähnen gut, aber ohne

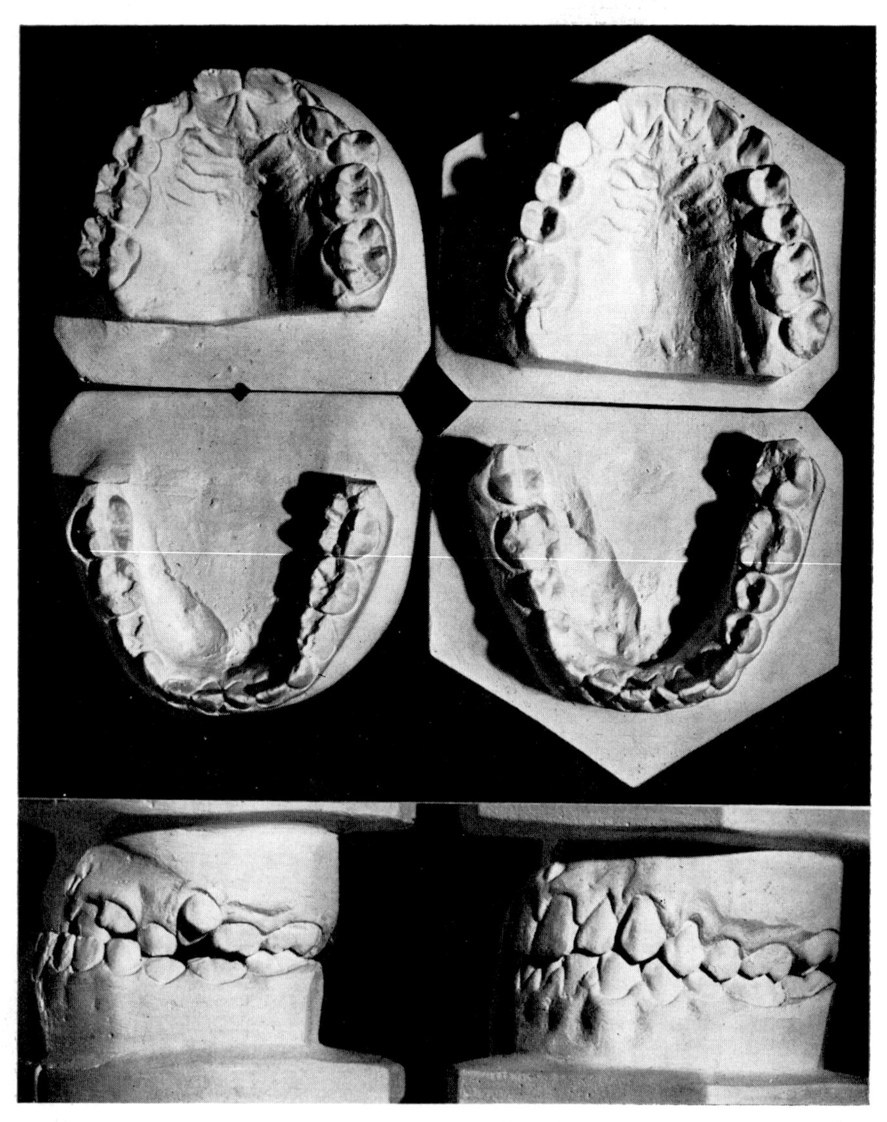

Bild 23 G., Harry. Progeniebehandlung. Zustand nach 52 Monaten (Dentitio tarda), zwei EOA

Spannung anliegen. Auf der lingualen Seite vermeiden wir eine Drahtführung und ersetzen sie durch linguale Pelotten, wie bereits mehrfach beschrieben. Doch ist dabei zu beachten, daß sie bei der progenen Situation vom Alveolarfortsatz und von der Zahnreihe abstehen müssen. Bevor das Akrylat aufgetragen wird, legt der Techniker eine Schicht Plattenwachs auf. Dadurch entsteht hier ein freier Raum und es wird verhindert, daß die Zunge die Schneidezähne erreicht. Sie muß nach dem vorderen Teil des Gaumens ausweichen, und wir provozieren damit die physiologische Haltung der Zunge. Der obere Labialbogen wird durch einen Lippenschild ersetzt, der die Oberlippe abhält und damit zur Entfaltung des Oberkiefers beiträgt.

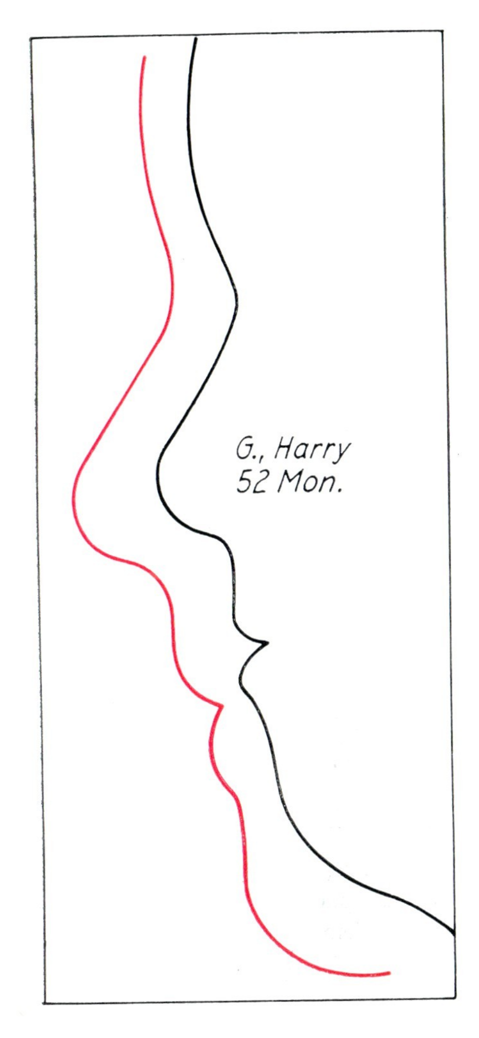

Bild 24 G., Harry. Veränderung des Profils nach 52 Monaten; Normalisierung des Lippenprofils

G., Harry (Bild 23). Progene Situation wegen Unterentwicklung des Oberkiefers. Die Überstellung der Schneidezähne erfolgte nach einem Monat. Der Oberkiefer wurde erweitert und gestreckt. Zur Anwendung kamen zwei EOA. Wegen verzögerter Dentition wurden die Photos erst nach 52 Monaten angefertigt. Die Übertragung der Profilphotos auf Millimeterpapier läßt die Entwicklung der apikalen Basis des Oberkiefers und die Normalisierung des Lippenprofils erkennen (Bild 24).

B., Christiane. Es bestand fast zirkulärer Kreuzbiß, Mesialbiß rechts. Die Schneidezähne waren nach zwei Monaten gut übergestellt. Die Weiterbehandlung erfolgte mit aktiven Mitteln: fester Lückenöffner und aktive Platte. Mundaufnahmen und Durchzeichnung der Profile zeigen die Entwicklung des Oberkiefers und die ästhetische Verbesserung (Bild 25 u. 26).

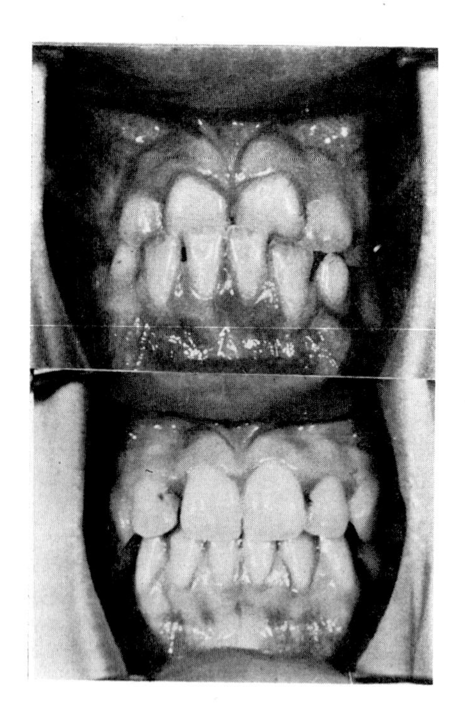

Bild 25 B., Christiane. Überstellung der Schneidezähne nach zwei Monaten

Bei dem beschriebenen Vorgehen wird in fast allen Fällen die Überstellung der Schneidezähne im ersten Monat der Behandlung erreicht. Dieser Anfangserfolg ist nicht verwunderlich aufgrund der Besonderheiten beim Konstruktionsbiß und der Anordnung der Konstruktionselemente. Um nächtliches Vorschieben des Unterkiefers zu vermeiden, kann zusätzlich eine Kopf-Kinnkappe getragen werden.

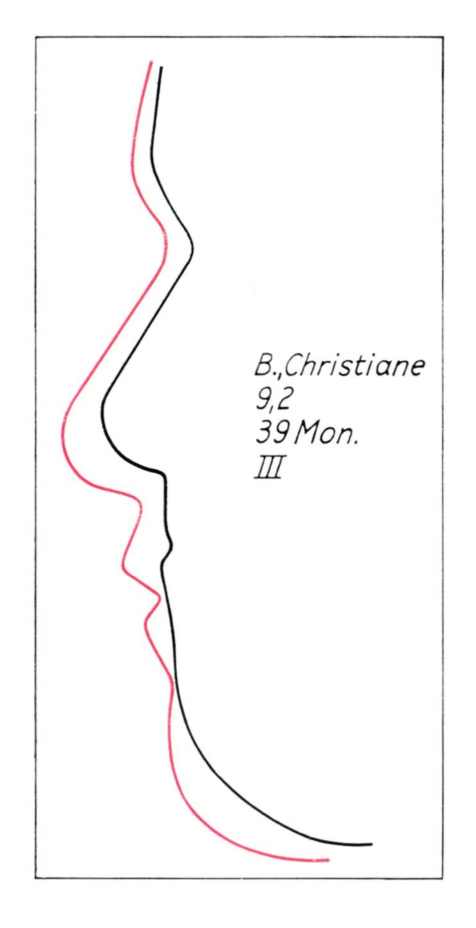

Bild 26 B., Christiane. Veränderung eines progenen Profils nach 39 Monaten

4.5. Kreuzbiß einer Kieferseite

Die Besonderheiten des Elastisch-Offenen Aktivators für diese Anomalie bestehen in der Konstruktionsbißnahme und in der Anordnung der Führungsflächen (Bild 27).

Der Konstruktionsbiß wird wieder auf Berührung der Schneidekanten eingestellt. Die Mitte der unteren Schneidezähne muß aber nach der anderen Seite überkompensiert werden. Diese Maßnahme fällt dem Kind schwer und muß sorgfältig geübt werden. Aber wir erreichen, analog zum Konstruktionsbiß bei der Progenie, eine günstige Ausgangsposition.

Der EOA wird ebenfalls *mit* Führungsflächen hergestellt mit Ausnahme der Kreuzbißseite im Unterkiefer. Der Plast soll sogar gering von der Zahnreihe und dem Alveolarfortsatz abstehen, um auf dieser Seite durch das Gerät keine

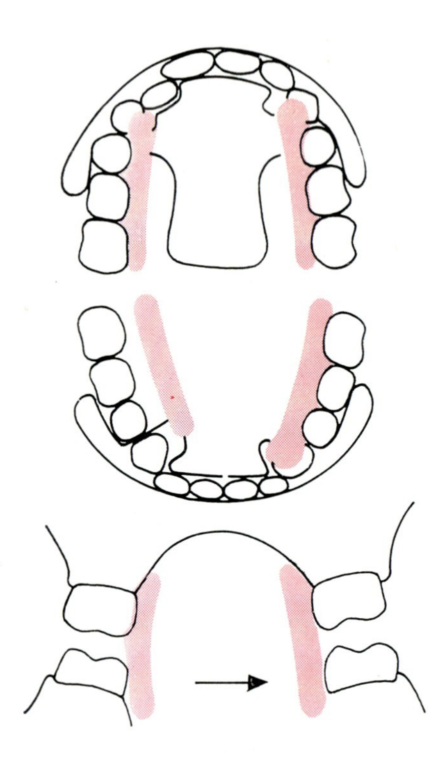

Bild 27 Anordnung für die Behandlung des seitlichen Kreuzbisses. Der Unterkiefer wird nach der anderen Seite eingestellt

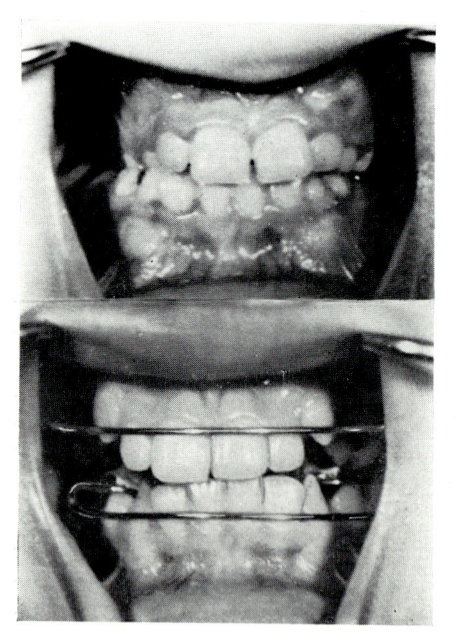

Bild 28 Kreuzbißbehandlung; EOA im Mund

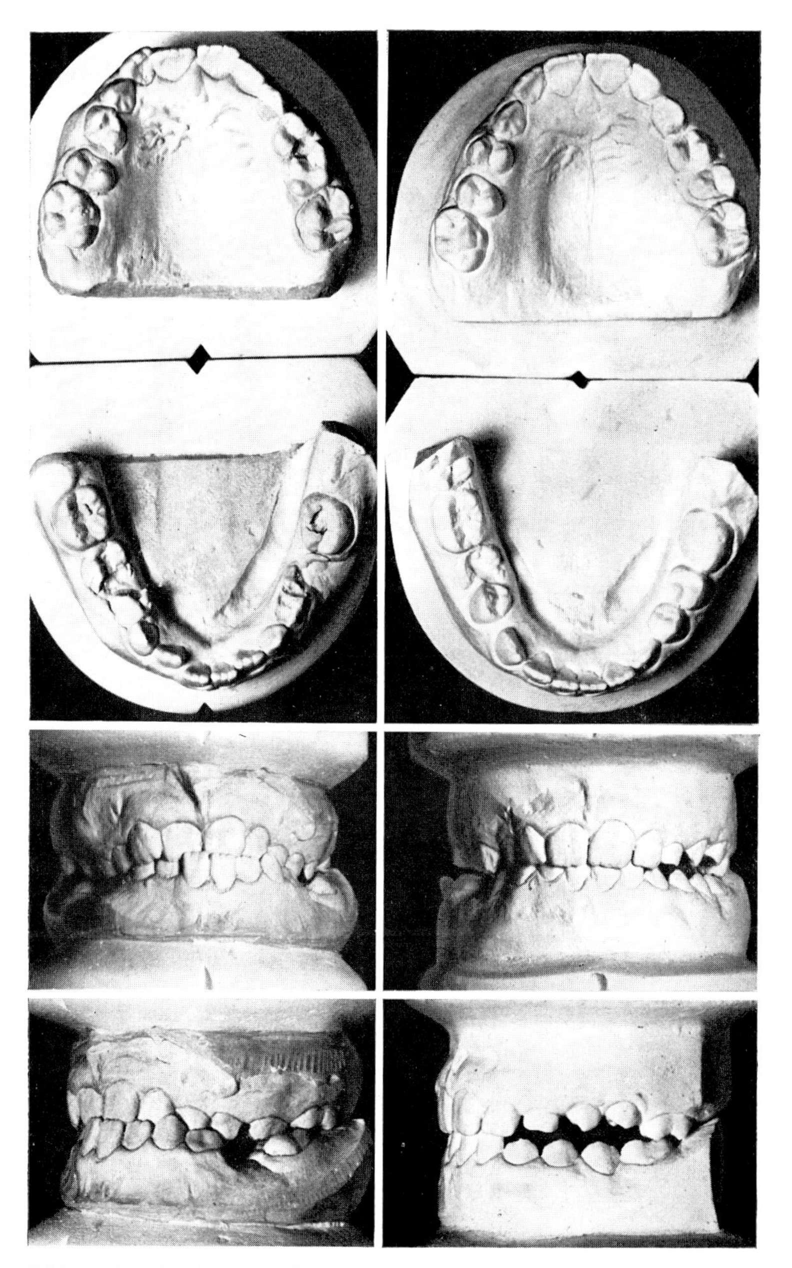

Bild 29 R., Carola. Behandlung eines Kreuzbisses. Zustand nach 17 Monaten; ein EOA. Der Zahnwechsel ist noch nicht beendet, ein weiteres Gerät war nicht notwendig

Impulse zu setzen. Der Unterkiefer wird in die neue Einstellung geführt und der Oberkiefer zur Entfaltung angeregt. Das Mundraumgefühl des Kindes wird desorientiert durch die provozierte Lateralposition des Unterkiefers; es muß »schief« beißen. Das Bild 28 zeigt einen EOA zur Kreuzbißbehandlung im Mund des Kindes. Die Unterkiefermitte ist nach der anderen Seite eingestellt. Die Überstellung erfolgte in 5 Monaten. Der Oberkiefer wurde in 8 Monaten um 5 mm erweitert.

R., Carola (Bild 29). Kreuzbiß der linken Seitenzähne und der Schneidezähne. Der Oberkiefer wurde transversal und sagittal entwickelt. Zur Anwendung gelangte ein EOA. Das Photo zeigt den Zustand nach 17 Monaten. Der Zahnwechsel ist noch nicht abgeschlossen. Ein weiteres Gerät war nicht notwendig.

4.6. Frontal offener Biß

Es muß dafür gesorgt werden, daß die Zunge die Schneidezähne nicht erreichen kann. Darum legen wir paarige Drahtschlaufen hinter die Schneidezähne. Sie dürfen aber die Zähne nicht berühren, um deren Einstellung nicht zu behindern. Wir zwingen damit der Zunge einen anderen Tonus und andere Funktionsmuster auf, für die Ruhelage, zum Sprechen und zum Schlucken.

Der EOA muß *mit* Führungsflächen hergestellt werden. Sie können völlig eingeschliffen werden. Die Backenzähne dürfen sich berühren. Eine geringe Bißsperre würde das Kind beim Sprechen wohl kaum behindern, sie bringt uns aber keinen therapeutischen Vorteil. Das Bild 30 zeigt einen EOA für den offenen Biß. Die Führungsflächen sind in ihren okklusalen Anteilen völlig weggeschliffen.

Sch., Tatjana (Bild 31). Bei dem 9jährigen Kind bestanden hypoplastischer Oberkiefer, Hypoplasien an den Schneidekanten, weit offener Biß, Distalbiß. Der Oberkiefer wurde anterior um 8 mm, der Unterkiefer um 6 mm erweitert,

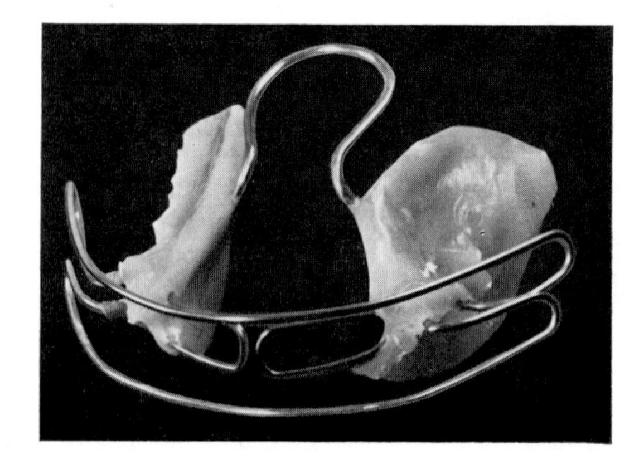

Bild 30 EOA für die Behandlung des frontal offenen Bisses. Die Drahtschlaufen verhindern den Kontakt der Zunge mit den Schneidezähnen

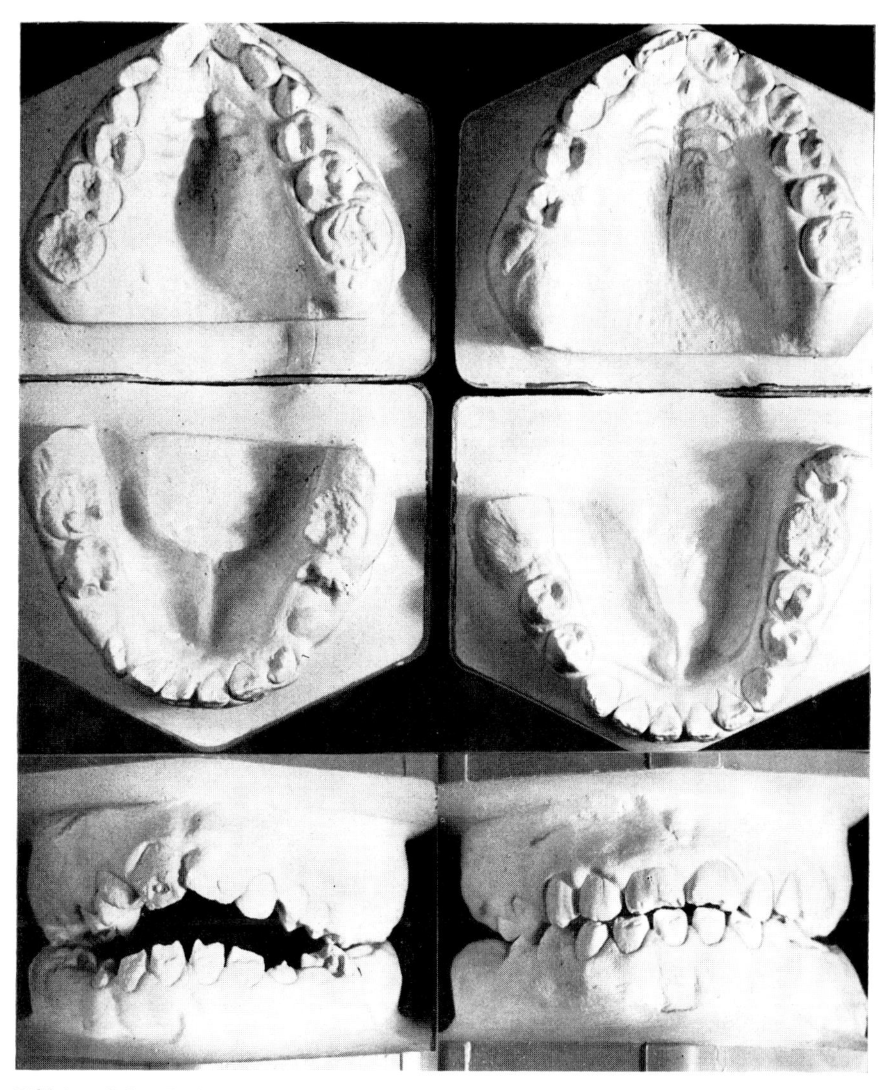

Bild 31 Sch., Tatjana. Behandlung des offenen Bisses. Zustand nach 26 Monaten; zwei EOA. Die hypoplastischen 11, 21 wurden später mit keramischen Kronen versorgt

16 und 46 mußten gegen Ende der Behandlung wegen kariöser Zerstörung entfernt werden. Das Bild zeigt den Zustand nach 26 Monaten. Getragen wurden zwei EOA. Die Schneidezähne haben die hypoplastischen Kanten durch Trauma verloren. Als endgültige Versorgung wurden später keramische Kronen eingegliedert.

4.7. Extraktionstherapie

Nach Extraktion der ersten Prämolaren ist bei der Herstellung des EOA auf die Austrittsstellen der Labialbögen aus dem Plastmaterial zu achten. Das Bild 32 zeigt zwei Möglichkeiten: Auf der linken Seite (a) wird angenommen, daß die Lücken von mesial *und* von distal geschlossen werden sollen. In diesen Fällen verläßt der Labialbogen den Plast in der Mitte der Extraktionslücke. Die zweiten Prämolaren können nach mesial aufrücken, und die Eckzähne werden durch den Labialbogen von mesial her an ihren Platz geführt. Für diese Aufgabe arbeiten wir den Labialbogen gern mit U-Schlaufe. Er läßt sich zur Einordnung der Eckzähne gezielter nachstellen. Der EOA wird *ohne* Führungsflächen hergestellt, um den hinter der Lücke stehenden Zähnen die Mesialwanderung zu ermöglichen.

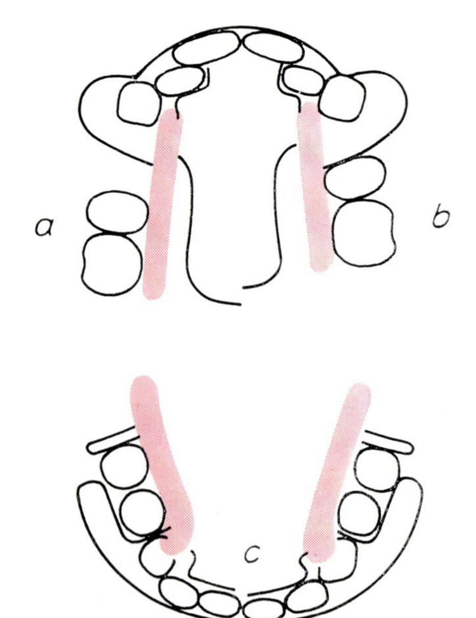

Bild 32 Anordnung für Extraktionsfälle. *a* die Lücke für 14 soll von mesial *und* distal geschlossen werden; *b* die Lücke soll für 23 offengehalten werden; *c* nach Extraktion 36, 46 verhindern Aufhalter die Kippung 35, 45 nach distal

Die rechte Seite des Bildes 32 zeigt den Fall (b), daß die Lücke nur von mesial her, also durch den Eckzahn, geschlossen werden soll. Die zweiten Prämolaren müssen an ihren Plätzen gehalten werden. Die Labialbögen sollen deshalb an deren Mesialflächen anliegen, damit der Platz für den Eckzahn voll zur Verfügung steht.

Leider ist es oft notwendig, die ersten Molaren wegen kariöser Zerstörung zu entfernen. Dann muß ein Aufhalter an den Distalflächen der zweiten Prämolaren des Unterkiefers ein Ausweichen dieser Zähne nach distal verhindern (c). Vier Fälle sollen vorgestellt werden und zur Erläuterung dienen:

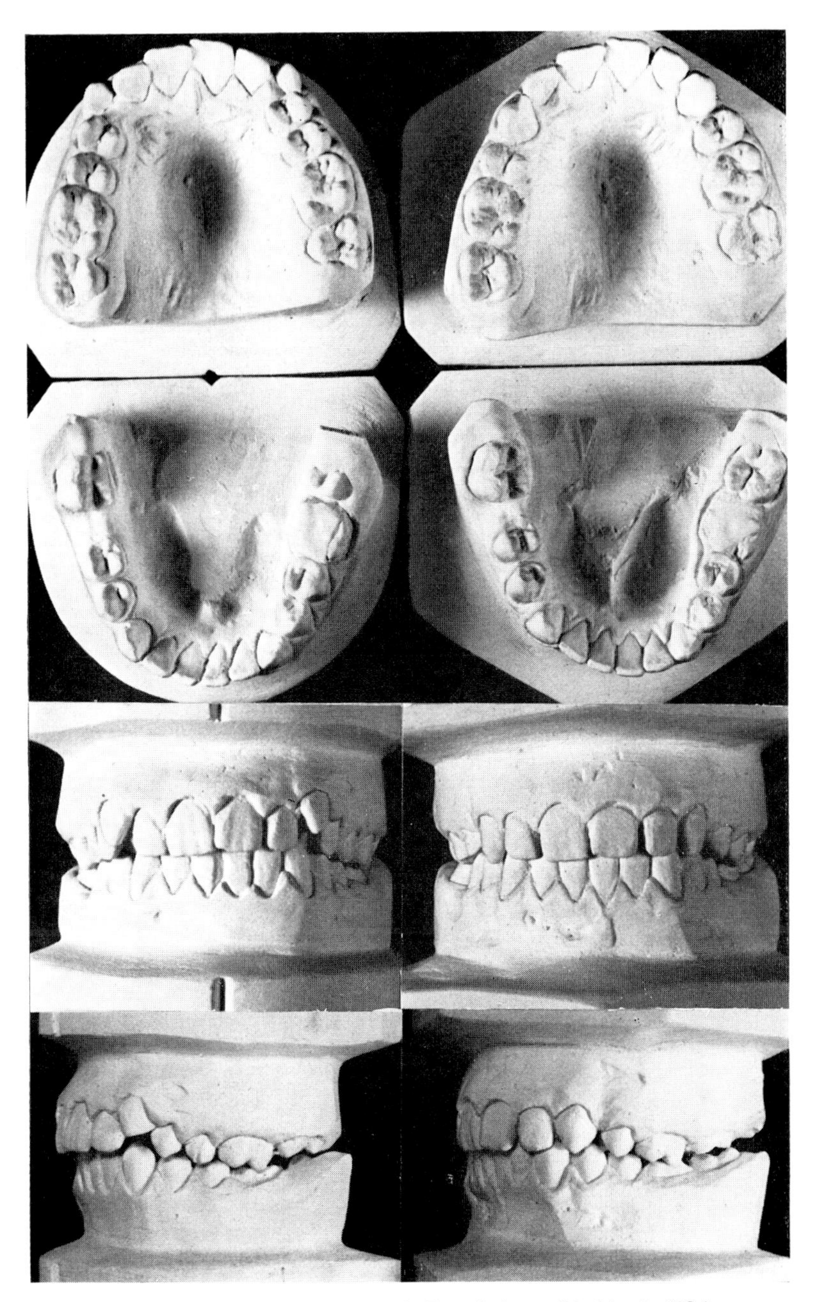

Bild 33 F., Hartmut. Behandlung nach Extraktionen 14, 24; ein EOA

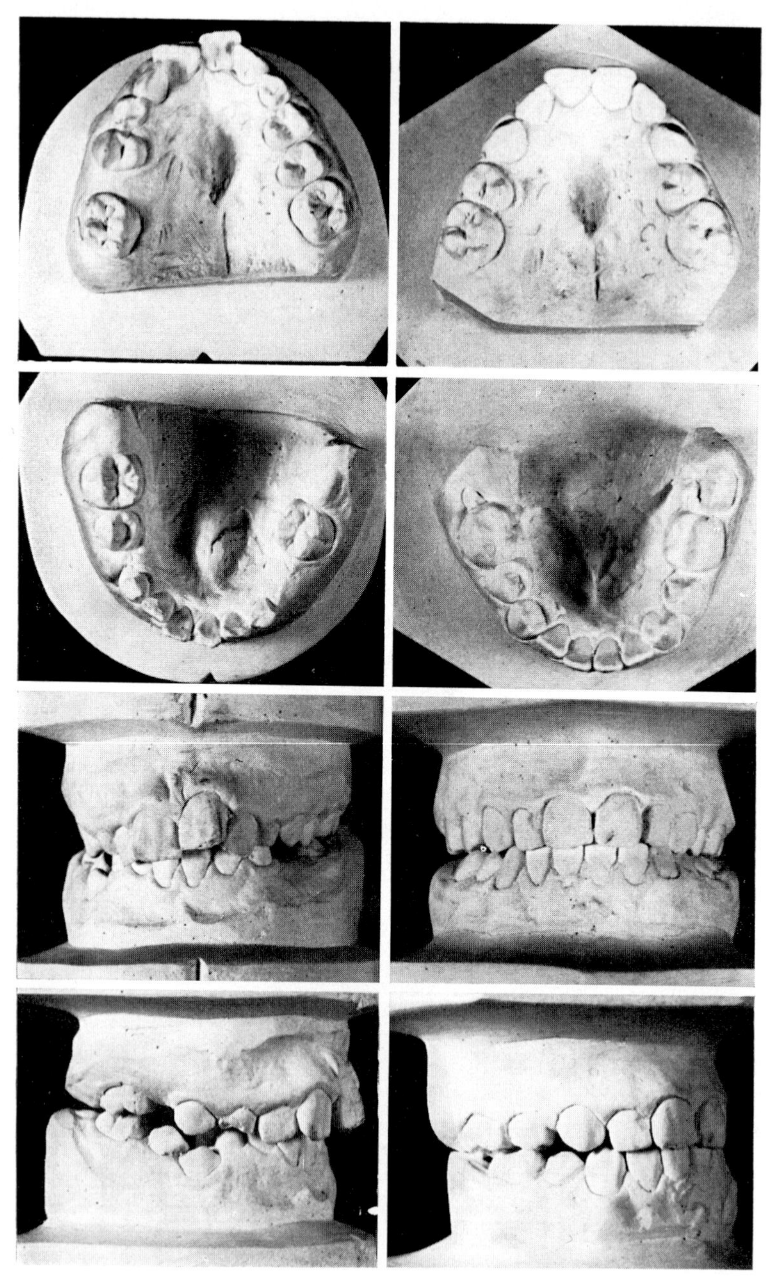

Bild 34 M., Carola. Extraktionen 14, 24, 34, 44. Operierte Gaumenspalte; zwei EOA

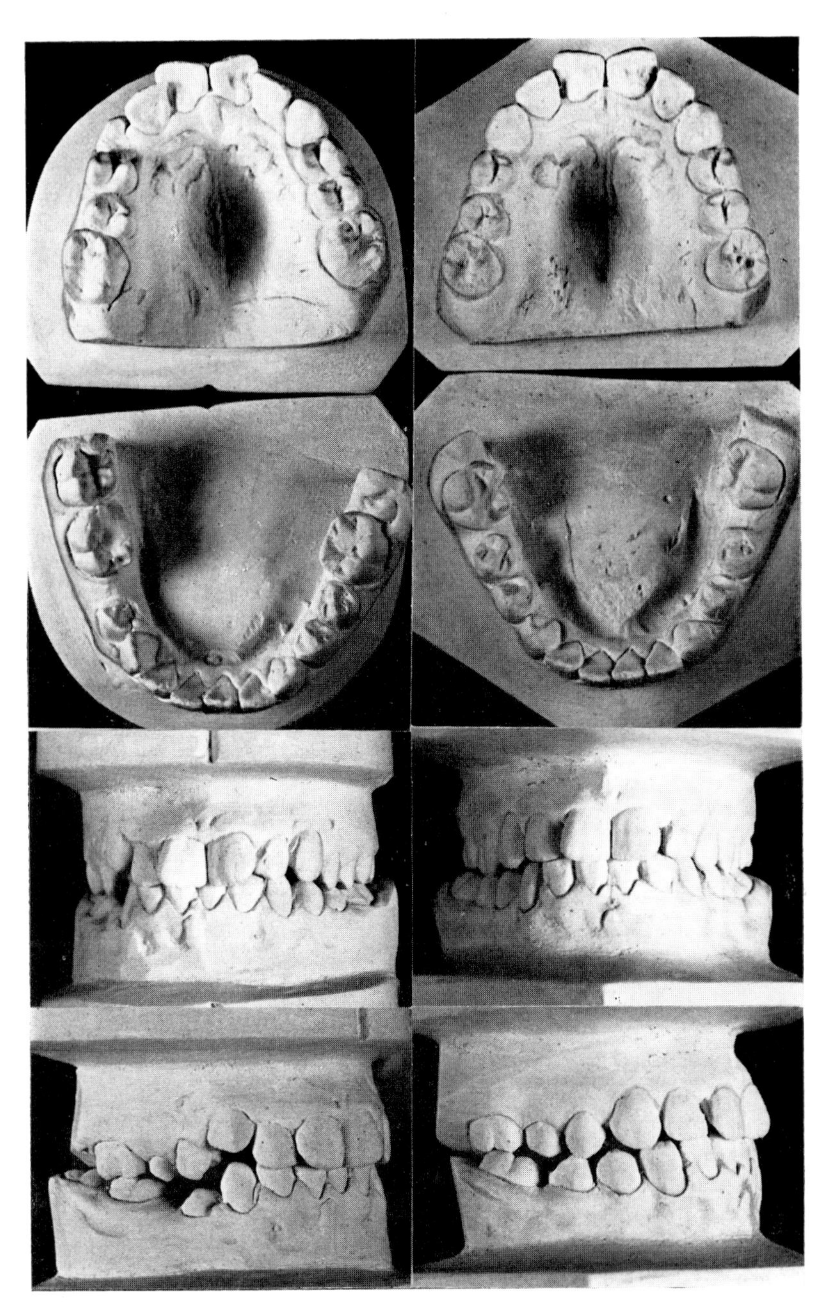

Bild 35 M., Hildrun. Extraktionen 16, 26, 36, 46; ein EOA. Die Okklusion ist weiter verbessert, 37 und 47 sind aufgerichtet

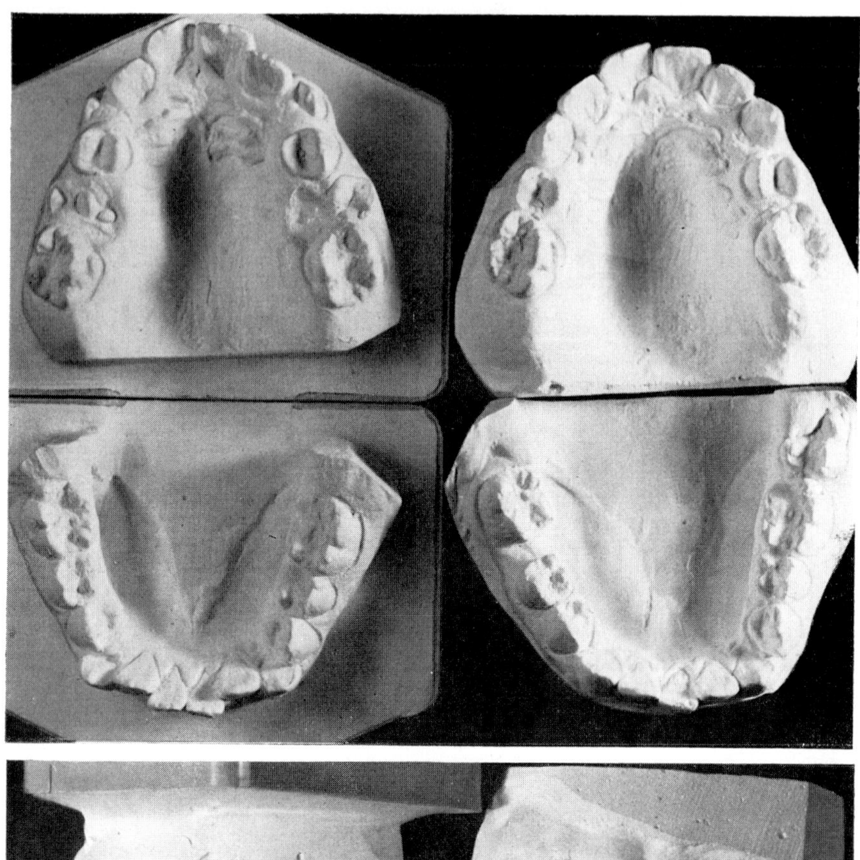

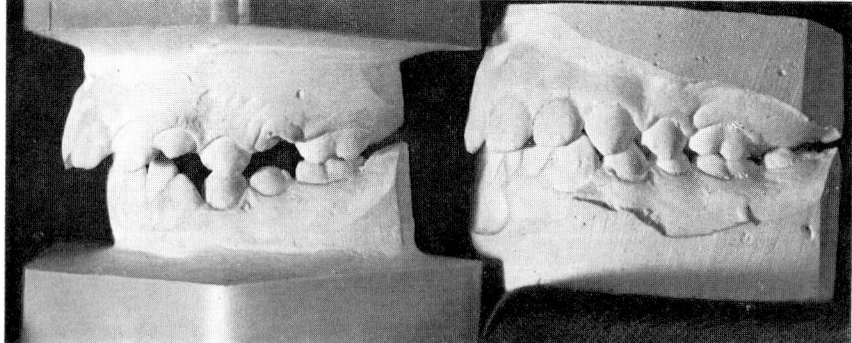

Bild 36 K., Ramona. Kombinierte Extraktionen 14, 25, 41; ein EOA und fester Lückenschließer für 41

1. Beispiel für Extraktionen 14,24; F., Hartmut. Die Extraktionslücken mußten von mesial *und* distal geschlossen werden. Die Austrittsstellen der Labialbögen wurden in die Mitte der Lücken gelegt. Ein EOA (Bild 33).

2. Extraktionen von 14, 24, 34, 44; M., Carola. Hochgradiger frontaler Eng-

stand, operierte Gaumenspalte, Distalbiß. Verwendet wurden zwei EOA (Bild 34). Die Labialbögen lagen dicht an den zweiten Prämolaren.

3. Extraktionen von 16, 26, 36, 46; M., Hildrun. Der abgebildete Zustand wurde mit einem EOA erreicht. Der noch gering gekippt stehende Molar ist aufgerichtet und 37 ist aufgeschlossen (Bild 35).

4. Kombinierte Extraktionen von 14, 25, 41; K., Ramona. Kieferkompression, frontaler Engstand, Distalbiß. Kombinierte Behandlung mit einem EOA und festem Lückenschließer für 41 (Bild 36). Weiterbehandlung mit je einer Dehnplatte.

Welche Möglichkeiten der EOA bei der Extraktionstherapie bietet, haben u. a. Bredy und Reichel in ihrem Buch zur Extraktionstherapie überzeugend dargelegt (7).

4.8. Bialveoläre Protrusion

Dies ist die Anomalie der Zungenpresser. Die Kiefer sind breit, es besteht kein Platzmangel. Das Gerät darf deshalb nicht elastisch sein, denn der starke Zungendruck würde die Kiefer noch breiter machen. Der untere Teil des Gerätes ist geschlossen. Der Plast darf auch den Frontzähnen und dem Alveolarfortsatz nicht anliegen, aber er soll bis fast zur Höhe der Schneidekanten der unteren Frontzähne reichen. Auf dem Modell wird lingual von 33 bis 43 Wachs

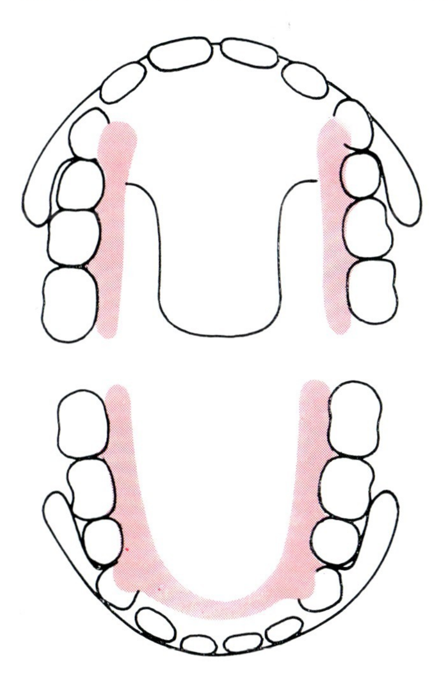

Bild 37 Anordnung für bialveoläre Protrusion

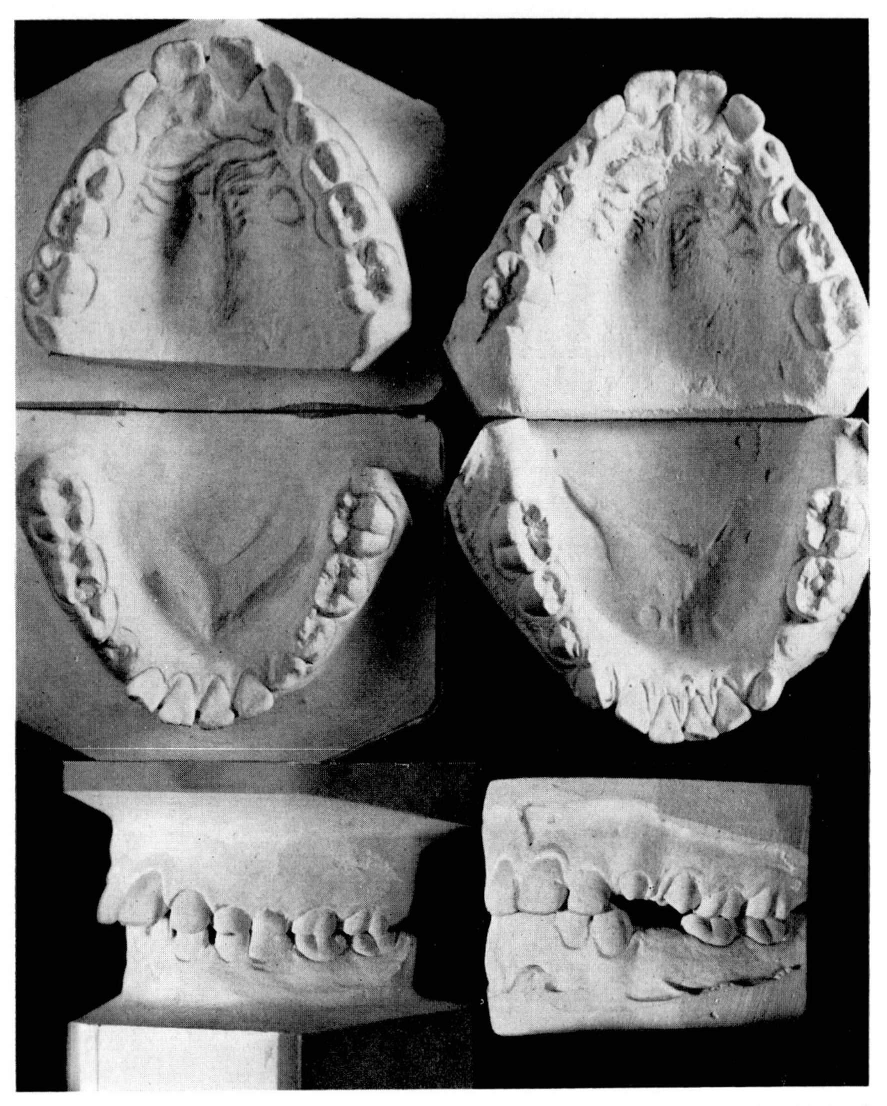

Bild 38 R., Daniela. Behandlung einer bialveolären Protrusion. Dentitio tarda. Zustand nach 13 Monaten; ein EOA

aufgetragen, damit beim fertigen Gerät dieser Raum freibleibt. Die beiden Labialbögen müssen den Zahnreihen gut, aber ohne Spannung, anliegen. An Stelle der palatinalen Plastführungen können rücklaufende Schlaufen angebracht werden, wie sie für den offenen Biß beschrieben wurden. Dann wird der Plastteil schmaler. Wichtig ist nur, daß die Zunge den Frontzahnbereich nicht erreichen kann. Der Offene Aktivator muß *mit* Führungsflächen hergestellt werden wegen der sagittalen Abstützung für die retrudierenden Impulse der Labialbögen (Bild 37).

R., Daniela. Bialveoläre Protrusion, Breitkiefer, Distalbiß, sehr tiefer Biß. Neutralbißeinstellung und Bißhebung waren in 4 Monaten erreicht. Seitdem wurde der Zahnwechsel überwacht. Zustand nach 13 Monaten (Bild 38).

5. Technische Herstellung des Elastisch-Offenen Aktivators

Über die Besonderheiten des anzufertigenden Gerätes muß der Zahntechniker genaue Anweisungen erhalten. Es geht nicht, dem Labor Modelle zu übergeben mit der Bitte um Herstellung eines EOA. Aus den bisherigen Darstellungen der Vielfalt der Möglichkeiten geht hervor, daß auch nicht die Aufforderung ausreicht, einen EOA für Deckbiß, Protrusion usw. herzustellen. Die Symptome einer Anomalie sind sehr mannigfaltig und unterschiedlich und müssen bei der Herstellung des Gerätes berücksichtigt werden. Wegen der extremen Skelettierung des EOA auf funktionswichtige Elemente erfordert die technische Anfertigung besondere Sorgfalt.

5.1. Allgemeine Arbeitsgänge

1. Herstellung der Modelle mit guter Darstellung des Mundvorhofes.
2. Eingipsen der Modelle in den Fixator entsprechend dem Konstruktionsbiß.
3. Biegen und Anpassen aller Drahtteile (Bild 39). Das Gefüge des Drahtes darf durch scharfe Kanten der Zange oder zu schnelles Biegen nicht leiden. Es ist von Vorteil, sich eine »Biegebank« herzustellen, wie sie für analoge Arbeiten schon früher veröffentlicht wurde (Häupl [11], Bierschenk [4]). Die Austrittsstellen aus dem Plast werden mit je einem Plaströhrchen versehen (0,5 mm oder 1 mm), um Scherbrüche zu vermeiden. Über den Verlauf der Labialbögen wurde bereits im Abschnitt 3.2. berichtet. Der Gaumenbügel wird durch eine Wachsschicht fixiert. Gleichzeitig ist damit der Abstand von der Gaumenschleimhaut festgelegt. Alle Drahtteile werden am Modell mit Klebewachs fixiert.

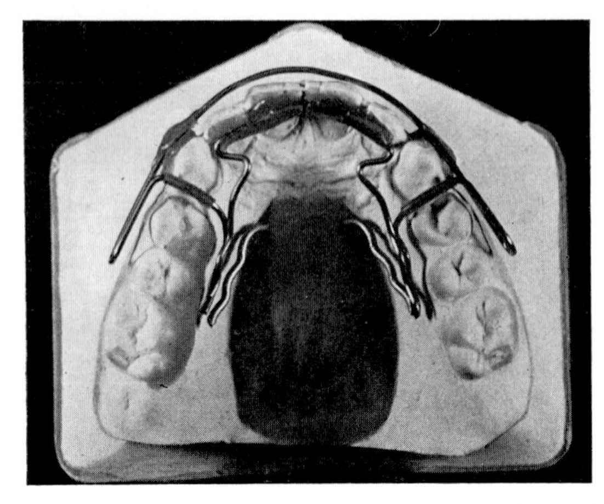

Bild 39 Arbeitsmodell, vorbereitet zur Aufnahme des Plastes. Die Drähte sind mit Klebewachs fixiert

4. Soll ein EOA *ohne* Führungsflächen hergestellt werden, so kleiden wir die palatinalen Interdentalräume mit Wachs aus (Bild 39 links), damit die Konturen am fertigen Gerät nicht erst abgeschliffen werden müssen.
Diese Maßnahme entfällt bei dem Gerät *mit* Führungsflächen (Bild 39 rechts). Es ist sogar darauf zu achten, daß das Akrylat gut in die Interdentalräume eindringt. Die Modelle können an diesen Stellen radiert werden, damit sich scharfe Konturen ergeben.

5. Anzeichnen der Grenzen für die Plastbedeckung.

6. Einsetzen der Modelle in den Fixator. Auf guten Kontakt der Führungselemente des Fixators ist zu achten, damit keine Bißsperre eintritt. Die Modelle können auch in einen Okkludator gesetzt werden. Die bezahnte Seite der Modelle muß aber nach dem Scharnier gerichtet und der Mundraum soll für die weitere Arbeit gut zugänglich sein.

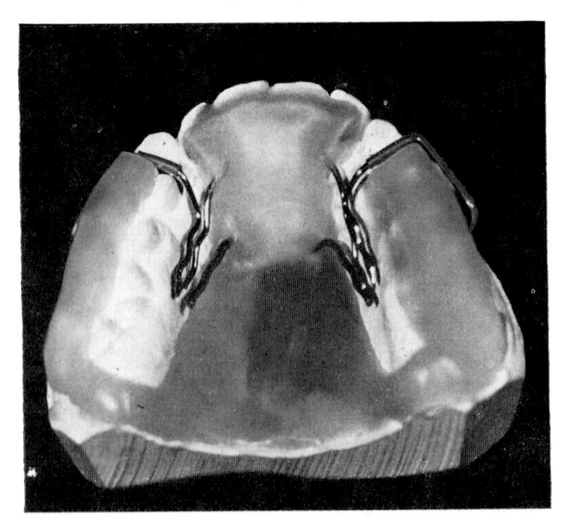

Bild 40 Arbeitsmodell, andere Möglichkeit: Wachsplatte, ausgeschnitten zur Aufnahme des Plastes

7. Anteigen des Akrylats (Kallocryl A) und Auftragen auf die Modelle entsprechend den Markierungen. Es kann freihändig geschehen und mit dem angefeuchteten Finger geformt werden.

8. Polymerisieren im Drucktopf.

Das Bild 40 soll eine andere Arbeitsweise darstellen. Die Positionen 1 bis 4 wie bereits beschrieben, dann:

5. Auf jedem Modell wird eine doppelte Lage Plattenwachs adaptiert und so ausgeschnitten, daß der Plast die frei gewordenen Räume einnehmen kann.

6. Einschmelzen der Drähte.

7. Zusammenstellen der Modelle im Fixator oder Okkludator.

8. Auftragen des Akrylates und Polymerisation.

5.2. Anordnung der vestibulären und oralen Führungselemente im Schneidezahnbereich

Für die genannten Anomalien werden nachstehend Hinweise gegeben zur Gestaltung der Führungselemente im Bereich der Schneidezähne.

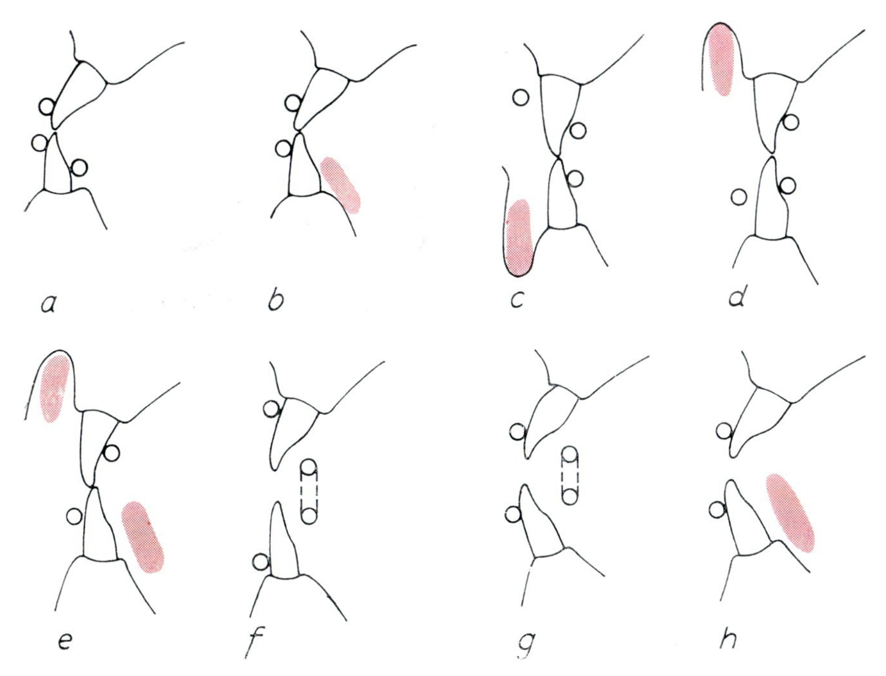

Bild 41 Anordnung der Führungselemente im Bereich der Schneidezähne für die Herstellung der Geräte

a) Protrusion und Distalbiß, wenn die unteren Schneidezähne retrudiert stehen: Die oberen und die unteren Labialbögen liegen inzisal der Kurvatur der Schneidezähne. Hinter den oberen Schneidezähnen dürfen keine palatinalen Führungen liegen, da sie die Aufrichtung der Schneidezähne behindern würden. Ggf. müssen die seitlichen oberen Zähne eine Drahtführung erhalten, wie im Fall W., Ingrid (Bild 9), angegeben. Die lingualen Führungen liegen nahe der Gingiva, um die Zähne möglichst körperlich zu führen.

b) Protrusion und Distalbiß, wenn die unteren Schneidezähne nicht protrudiert werden sollen: Sie dürfen keine Drahtführungen erhalten, um Kippungen zu vermeiden. Es werden linguale Pelotten angebracht, wie bereits mehrfach beschrieben, s. Abschnitt 4.2. Fall S., Birgit.

c) Deckbiß mit frontalem Engstand: Den oberen Labialbogen lassen wir gering von den Schneidezähnen abstehen. Sicherer ist ein »geteilter Labialbogen«, der die seitlichen Schneidezähne umgreift, entsprechend dem Bild 14. Die palatinalen und lingualen Führungen liegen inzisal der Kurvatur, um die Bißhebung zu fördern und die Schneidezähne aus dem Steilstand aufzurichten. Der Lippenschild im Unterkiefer soll tief in der Umschlagfalte liegen und von der Schleimhaut des Alveolarfortsatzes abstehen.

d) Deckbiß ohne frontalen Engstand: Der obere Labialbogen wird ersetzt durch den Lippenschild. Der untere Labialbogen steht sinngemäß etwas von den Schneidezähnen ab, sonst wie »c«.

e) Progener Formenkreis: Der untere Labialbogen und die palatinale Führung sollen den Zahnreihen gut anliegen. Lingual soll der Plast, wie bereits an entsprechender Stelle ausgeführt, vom Alveolarfortsatz und von der Zahnreihe abstehen. Lippenschild im Oberkiefer.

f) Offener Biß: Beide Labialbögen liegen gingival der Kurvatur. Die Drahtschlingen hinter den Schneidezähnen stehen gering von diesen ab. Sie dürfen einerseits deren Verlängerung nicht behindern und sollen andererseits der Zunge den Weg zu den Schneidezähnen versperren.

g) Bialveoläre Protrusion: Die Labialbögen liegen inzisal der Kurvaturen. Die intraoralen Drahtschlingen stehen von den Zahnreihen ab. Falls nötig, geringe Bißsperre.

h) Bialveoläre Protrusion, andere Möglichkeit: Keine Drahtschlingen hinter den Schneidezähnen, sondern linguale Pelotten, die von der Zahnreihe und vom Alveolarfortsatz abstehen. Sie reichen bis fast zur Höhe der unteren Schneidekanten.

6. Zum Problem der Führungsflächen

6.1. Elastisch-Offener Aktivator ohne Führungsflächen

Der Unterkiefer wird in der gewünschten Lage gehalten durch die Gestaltung der Plastführung. Einen wesentlichen Anteil haben dabei die lingualen Drähte. Die lingualwärts gekippten Schneidezähne werden aufgerichtet. Wie bereits im Abschnitt über »Protrusion« ausgeführt, ergibt sich eine besondere Indikation, wenn die unteren Schneidezähne protrudiert werden sollen. Ebenfalls wird unterer frontaler Engstand schneller beeinflußt, wenn die lingualen Führungen die einwärts stehenden Zähne umgreifen. Eine Bißhebung tritt beim EOA *ohne* Führungsflächen schneller ein. Eine besondere Indikation ist für die Behandlung der Extraktionsfälle gegeben. Wir wenden bevorzugt den EOA *ohne* Führungsflächen an. Der Zahnwechsel läuft ganz natürlich ab.

6.2. Elastisch-Offener Aktivator mit Führungsflächen

Führungsflächen halten den Unterkiefer in der provozierten neuen Lage körperlich. Die »Nasen« greifen in die Interdentalräume ein. Obwohl bei den einzelnen Indikationsbereichen bereits ausgeführt, soll zusammenfassend auf die Notwendigkeit von Führungsflächen hingewiesen werden:

- beim Deckbiß, wenn die bleibenden Prämolaren bereits stehen,
- bei der progenen Situation,
- beim offenen Biß,
- bei Kreuzbiß einer Kieferseite mit Ausnahme der Kreuzbißseite im Unterkiefer.

6.3. Einschleifen des Gerätes

Das Einschleifen der Führungsflächen darf nicht dem Labor überlassen werden. Den EOA kann man nach dem Modell vorschleifen. Aber das endgültige Einschleifen muß am Patienten mit großer Sorgfalt vorgenommen werden. Die okklusalen Anteile der Führungsflächen werden völlig weggeschliffen, damit die Zähne sich verlängern können. Wie bereits erwähnt, werden auch beim offenen Biß die Führungsflächen durchgeschliffen, so daß die Prämolaren und Molaren sich berühren. Das Mundraumgefühl des Kindes wird weniger gestört.

6.4. Veränderung der Führungsflächen

Je nach Beurteilung des Behandlungsverlaufes können wir vorhandene Führungsflächen abschleifen oder durch Auftragen von selbstpolymerisierendem Akrylat Führungsflächen herstellen, ohne daß ein neues Gerät angefertigt werden muß. Mit dem Kind wird der neue Konstruktionsbiß geübt, während der Plast angeteigt wird. Nach Auftragen des Plastes wird in der gewünschten Stellung zugebissen. Nach Erhärten im Drucktopf wird das Gerät eingeschliffen.

7. Vertikale Abstützung

Sie erfolgt grundsätzlich durch die Auflagen der paarigen Plastteile an den Eckzähnen des Ober- und Unterkiefers. Wenn diese wegen des Zahnwechsels nicht mehr vorhanden sind, ist das Gerät trotzdem wirksam, weil es labil im Mund liegt. Nach längerem Tragen kann sich das Gerät einlagern und der Gaumenbügel verursacht eine Druckstelle. Wir halten den EOA in beiden Händen und üben mit dem Daumen einen geringen Druck aus. Es kann auch etwas Akrylat in der Molarengegend an das Gerät aufgetragen werden. Wir lassen den Patienten zubeißen bis zur gewünschten Höhe und erreichen eine geringe Bißsperre. Die Prämolaren verlängern sich inzwischen, und die beiden Auflagen können dann wieder abgeschliffen werden.

8. Öffnen einer Lücke für den zweiten Prämolaren

8.1. Öffnen mit Schraube

Häufig ist der Platz für den zweiten Prämolaren eingeengt, weil der Molar nach mesial gerückt oder der erste Prämolar nach distal gekippt ist. Es ist möglich, an entsprechender Stelle eine Schraube einzubauen. Der Plast wird dort segmentiert. Der EOA liegt aber dann nicht mehr labil im Mund, sondern verklemmt sich in der Lücke. Damit er nicht in den Gegenkiefer ausweichen kann, muß dort eine Drahtabstützung auf dem Molaren angebracht werden.

8.2. Öffnen mit festem Lückenöffner

Sicherer ist ein fest einzementierter Lückenöffner. Der Molar und der erste Prämolar erhalten Bänder. Ein Drahtsteg wird am Prämolarenband angeschweißt und läuft am Molarenband durch eine horizontale Kanüle. Über den Steg wird eine Druckfeder gezogen und das zierliche Gerät mit geringer Spannung einzementiert (Bild 42). Der EOA wird gleichzeitig getragen. An Stelle des Steges mit der Druckfeder kann auch eine Feder mit einem Loop eingesetzt werden. Sie läßt sich leicht nachstellen und ist besonders geeignet, wenn der erste Prämolar nach distal gekippt ist.

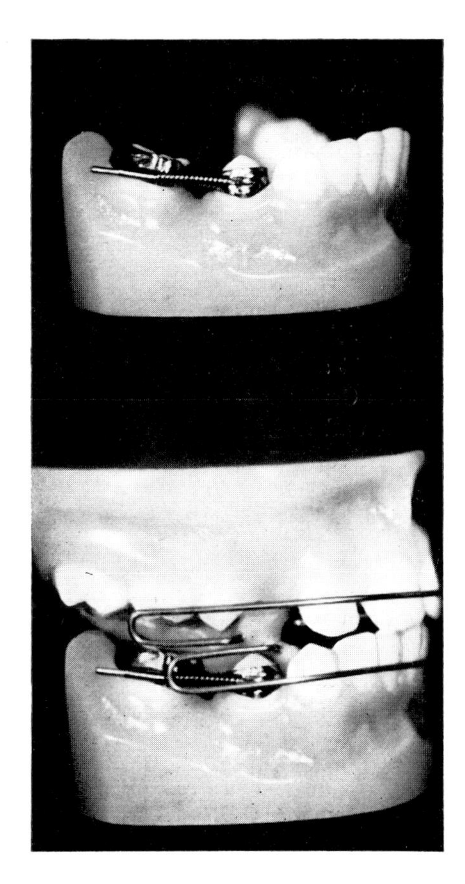

Bild 42 Lückenöffner für 45. Der EOA wird gleichzeitig getragen

9. Arbeit mit dem Elastisch-Offenen Aktivator

9.1. Einsetzen des Gerätes

Es kommt darauf an, bei den Eltern und dem Kind Verständnis für die Behandlung zu erreichen. Dieses Gespräch, für das wir uns Zeit nehmen müssen, ist entscheidend für die Mitarbeit. In Gegenwart eines Elternteiles wird dem Kind am Modell und an der Photostataufnahme die Anomalie erläutert. Der EOA wird auf das Modell gelegt und die Biomechanik erklärt. Wir geben dem Kind die Modelle mit dem Gerät in die Hand, damit es diese gut betrachten kann. Wichtig und aufschlußreich für Kind und Eltern ist der Einblick von rückwärts in das Modellpaar mit dem eingefügten Gerät. Sie werden aufmerksam gemacht auf die Veränderung des Mundraumes und den Platz für die Zunge. Nun erst wird der EOA in den Mund gegeben. Mit dem Spiegel in der Hand beobachtet das Kind dieses wichtige Ereignis, das es auf sich zukommen sieht. Wie vorher am Modell, plazieren wir das Gerät zunächst im Oberkiefer und fordern das Kind auf, sich in die vorgegebene ungewohnte Führung des Gerätes mit der unteren Zahnreihe hineinzutasten. Der Patient wird mit Interesse die Verbesserung des Aussehens zur Kenntnis nehmen. Durch die veränderte Lage des Unterkiefers erscheint das Gesicht sofort harmonisch. Das Kind wird aufgefordert, mit der Zunge das Gerät abzutasten. Es bemerkt die Veränderung im Mundraum, die sich durch das Gerät ergibt und wird auf den anfangs vermehrten Speichelfluß hingewiesen und auf das neue Mundraumgefühl. Bei der ersten Sprechübung, am besten von Zahlen, erlebt das Kind, daß nach wenigen Worten die Zischlaute schon deutlicher werden. Wir müssen ihm erklären, daß der EOA absichtlich lose im Mund liegt und daß er wahrscheinlich in der ersten Nacht herausfallen wird. Wenn das Kind auf diese Möglichkeit hingewiesen wird, ersparen wir ihm negative Emotionen und es gewöhnt sich schnell an das Gerät. Bereits nach wenigen Tagen können die Kinder mit dem EOA sprechen. In der ersten Woche wird er nur nachmittags und nachts getragen. Erst dann wird er zum Unterricht mitgenommen. Das Kind hat sich in dieser Zeit ausreichend an das Gerät gewöhnt und fühlt sich in der Schule nicht behindert. Zum Essen, zum Singen und beim Sport soll der EOA in eine kleine Dose gelegt werden (keine Holzschachtel oder Blechdose wegen des Klapperns). Keinesfalls darf er ungeschützt in der Hosentasche verschwinden.

9.2. Behandlungsverlauf

Bei jeder Vorstellung in der Sprechstunde wird der Patient nach seinen Erfahrungen mit dem Gerät und nach Beschwerden oder Unbequemlichkeiten gefragt. Wir bekunden ihm damit unsere Anteilnahme an der veränderten Situation in seinem Mund und geben ihm die Möglichkeit, sich zu äußern. Fast immer hören wir positive Erfahrungen und das Kind ist beruhigt, wenn irgendwelche Störungen beseitigt werden können.

Die Sprache und ggf. die Abnutzung der Plastschläuche auf den palatinalen und lingualen Drahtführungen sind gute Kriterien für die Mitarbeit. Diese Drähte überziehen wir gern mit einem Plastschlauch 1 mm oder 1,5 mm. Die dünnen Schläuche wirken wie ein Polster an den Innenseiten der Schneidezähne im Sinne der Ausrundung des Zahnbogens. Die sonst freiliegenden Drahtenden werden überdeckt und können die Zunge nicht belästigen. In den ersten Mona-

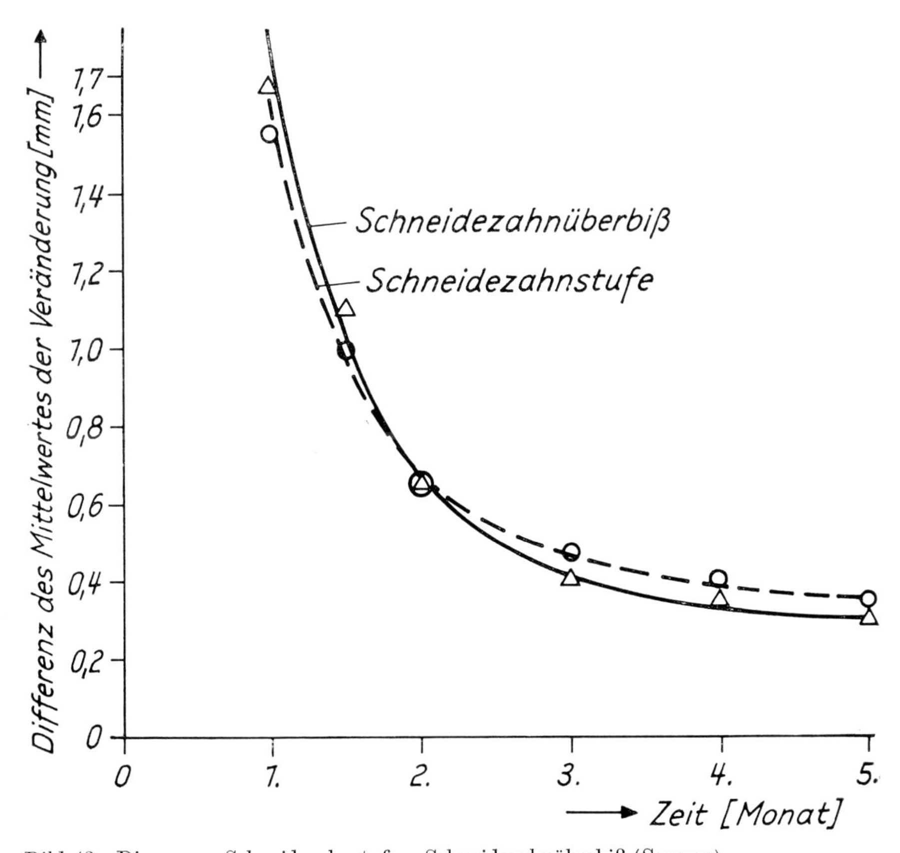

Bild 43 Diagramm Schneidezahnstufe – Schneidezahnüberbiß (SURBER)

ten sind die morphologischen Veränderungen der Zahnreihen und die Einstellung der Bißlage sowie die Bißhebung besonders auffallend. Das Bild 43, das einer Arbeit von SURBER (28) entnommen ist, zeigt die überraschende, fast konforme Besserung der Bißlage und des Schneidezahnüberbisses in den ersten Monaten der Behandlung.

Die horizontalen Veränderungen können mit einem Zirkel nach SCHÖNHERR oder KORKHAUS registriert werden. Auf der Rückseite der Anfangsmodelle werden die Prämolaren- und Molarenbreiten markiert. Die analogen Messungen werden im Mund des Kindes vorgenommen und ebenfalls auf dem Modell eingekratzt. Das Ausmaß einer Kiefererweiterung ist abzulesen. Das Ausbleiben einer Veränderung ist ebenfalls überzeugend. Für uns ist dieser Test eine wichtige Aussage für den Behandlungsablauf und für das Kind ein Nachweis für gute oder schlechte Mitarbeit.

9.3. Nachstellen des Gerätes

Keinesfalls darf der EOA mit Spannung eingesetzt werden. Die Erfahrung hat gezeigt, daß sie dem Kind lästig ist. Das Gerät wird dann nicht genügend getragen und in der Nacht herausgenommen. Nachstellen ist nicht in jeder Sitzung notwendig. Es erfolgt nur, um den Anschluß des Gerätes an die Zahnreihen wieder herzustellen. Der Gaumenbügel erhält einen kleinen Druck mit der Flachzange. Dabei flachen sich aber die beiden Labialbögen ebenfalls ab. Wenn das nicht im Sinne der Behandlung liegt, also einer Retrusion beider Frontzahnbögen, müssen die Labialbögen nachgestellt werden. Das Bild 44 zeigt, wie der Labialbogen mit Flachzange und Hohlkehlzange nachgestellt, verlängert oder verkürzt wird. Soll der Labialbogen der Zahnreihe mehr anliegen (a), so wird der kurze Schenkel, der aus dem Plast kommt, mit einer spitzen Flachzange aufgebogen. Es muß vorsichtig geschehen und mit einer Zange, deren Kanten nicht scharf sind. Der Gegendruck erfolgt an der anderen Seite der Krümmung mit einer Hohlkehlzange. Entsprechend umgekehrt ist zu verfahren, wenn der Labialbogen weiter werden soll (b).

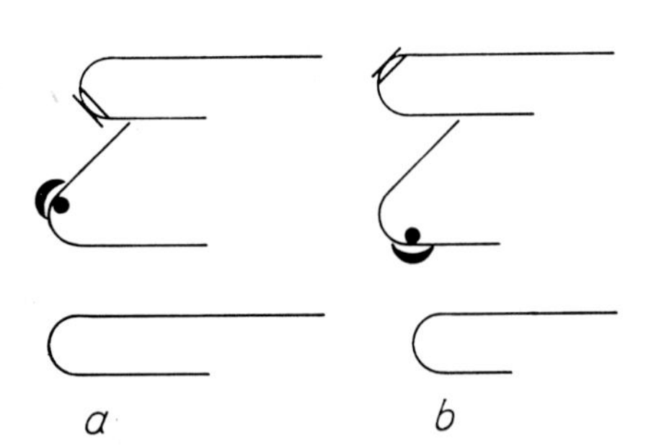

Bild 44 Nachstellen des Labialbogens nach BIMLER. *a* verkürzen (retrudieren); *b* verlängern (protrudieren)

9.4. Steuerung des Zahnwechsels

Bei der Behandlung mit dem EOA kann und soll der Zahnwechsel ungehindert erfolgen. Bei palatinaler Durchbruchsrichtung eines Prämolaren kann durch Auftragen von Plast der notwendige Impuls zur Aufrichtung des Zahnes gegeben werden. Häufig zeigen die ersten oberen Prämolaren eine Tendenz nach bukkal. Ggf. muß an dieser Stelle der Plast ausgeschliffen werden. Der Labialbogen erhält einen geringen Druck mit der Hohlkehlzange, damit er an diesem Zahn vermehrt anliegt. Infolge Sagittalentwicklung des Kiefers kann der Labialbogen dem durchbrechenden ersten Prämolaren im Weg stehen. Nach Abdruck muß daraufhin ein neuer Labialbogen angefertigt werden oder es ist Zeit, ein neues Gerät herzustellen.

Bei Verlust des zweiten Milchmolaren wird durch eine Röntgenaufnahme ermittelt, wie weit der Nachfolger entwickelt ist. In ungünstigen Fällen wird ein fester Lückenhalter eingesetzt. Das wird unbedingt notwendig, wenn die Durchbruchsrichtung des zweiten Prämolaren ungünstig ist und sein Erscheinen auf sich warten läßt.

10. Zum Problem des Rezidivs

Zur Retention eignet sich häufig das letzte Gerät, das in vielen Fällen auch das einzige Behandlungsmittel ist. Erfahrungsgemäß werden im ersten Behandlungsjahr die Umformungen der Kiefer und die Einstellung der Bißlage erreicht. Die übrige Zeit dient der Überwachung und Steuerung des Zahnwechsels. Die Retentionszeit soll nach Abschluß der aktiven Behandlung zwei Jahre dauern. Keinesfalls dürfen wir den Patienten vor Einstellung der zweiten Molaren aus unserer Beobachtung entlassen. Je schneller der formale Behandlungseffekt erreicht wurde, um so größer ist die Gefahr des Rezidivs. Andrerseits ist die Zeit während der Überwachung des Zahnwechsels sinngemäß eine Retentionszeit.

Ein Rezidiv wirkt sich aus in einem frontalen Engstand im Unterkiefer. Wie bereits an entsprechender Stelle ausgeführt, ist die Gefahr des Rezidivs beim Deckbiß am größten und besonders gefürchtet. Der Retainer im Unterkiefer und die Retentionsplatte befreien uns von dieser Sorge (s. Bild 20). Wir setzen einen Retainer auch ein nach Dehnungen mit anderen Geräten, besonders, wenn der Patient unzuverlässig oder behandlungsmüde ist.

11. Bedeutung der Nasenatmung

Von gleicher Bedeutung wie die Auseinandersetzung des Kindes mit dem kieferorthopädischen Gerät ist die Wertung der Nasenatmung. Die Eltern und das Kind müssen eindringlich auf die Wichtigkeit des Lippenschlusses hingewiesen werden. Es gehört nicht zum Thema dieser Arbeit, auf Einzelheiten einzugehen. Auf die Arbeiten von BALTERS (2), FRÄNKEL (9) und BAHNEMANN (1) soll mit Nachdruck hingewiesen werden. Mißerfolge bei der kieferorthopädischen Behandlung sind nicht nur auf »mangelhafte Mitarbeit« zurückzuführen, sondern können ihre Ursache darin haben, daß es uns und dem Elternhaus nicht gelungen ist, das Kind zur Nasenatmung zu erziehen. Unsere Tätigkeit ist ja nicht nur auf eine morphologische und kosmetische Korrektur des orofazialen Bereiches begrenzt. Die chirurgische Entfernung von Atemhindernissen, von Tonsillen und adenoiden Wucherungen bei Kindern mit habitueller Mundatmung ist ein Eingriff in den lymphatischen Schutzapparat des Waldeyerschen Rachenringes. Sie sollte möglichst vermieden werden. Es ist erwiesen, daß adenoide Wucherungen bei Mundatmern zum Abschwellen gebracht wurden durch Tragen von Mundvorhofplatten (oral Screens), KLAMMT, E. (15), KRAUS (23), SCHÖNHERR (27).

Mit der Behandlung tragen wir einen guten Teil der Verantwortung für die Entwicklung der Persönlichkeit des Kindes. Über wesentliche Jahre seiner Kindheit bzw. Jugend befindet es sich in unserer Betreuung. Mundatmung ist mit Fehlhaltung, Haltungsschwäche und Bewegungsmangel verbunden. »Fehlatmung stört den Ablauf aller Grundfunktionen« (BAHNEMANN). BALTERS hat uns immer wieder und eindringlich die Augen dafür geöffnet. Als Kieferorthopäden können wir diese Problematik nicht außer acht lassen.

12. Biodynamik des Elastisch-Offenen Aktivators

Der EOA ist weitgehend skelettiert zugunsten eines großen Funktionsraumes für die Zunge. Der Patient soll möglichst wenig belästigt werden. Das Gerät besteht nur noch aus agierenden Elementen. Alle oralen Funktionen mit Ausnahme des Kauaktes finden unter den von uns im Konstruktionsbiß festgelegten Bedingungen statt. Die bisherige falsche Gleichgewichtslage wird fast nicht mehr eingenommen. Die Zunge muß sich ständig mit dem Gerät auseinandersetzen. Sie wird durch das dauernde Training in ihrem Tonus gekräftigt und in ihren Bewegungsmustern anders orientiert. Sie überträgt die Impulse über das Gerät auf das Gewebe. Bei großen Schneidezahnstufen erlebt das Kind beim ersten Einsetzen des Gerätes, daß es die Lippen zwanglos schließen und nach wenigen Monaten, daß es richtig abbeißen kann. Diese Erfolgserlebnisse ermutigen das Kind zu weiterer geduldiger Mitarbeit. Zum Vergleich können wir ihm die Modelle und die Photos vom Beginn der Behandlung zeigen.

12.1. Optimales Alter für den Behandlungsbeginn

Wie auch für andere funktionskieferorthopädische Geräte, ist das neunte und zehnte Lebensjahr das beste Alter für die Behandlung mit dem Elastisch-Offenen Aktivator. Es ist die Zeit, bevor oder wenn der Wechsel im Seitenzahnbereich beginnt. In dieser Wachstums- und Entwicklungsphase wird der EOA in biologischer Weise wirksam auf die Morphologie der Kiefer, auf die orale und mimische Muskulatur und auf die Kiefergelenke. Die Reaktionsbereitschaft des Gewebes ist um so günstiger, je weniger das Periodont ausdifferenziert ist (ESCHLER [8]). Soeben durchbrechende Zähne lassen sich deshalb leicht kieferorthopädisch beeinflussen. Nach BAUME (3) vollzieht sich das Wachstum des Unterkiefers in sagittaler Richtung in Perioden: zwischen dem 4. und 6. Lebensjahr und vor allem vom Beginn bis zum Abschluß des Zahnwechsels sehr intensiv. »Die den Unterkiefer haltenden und bewegenden Muskeln werden bei frühem Behandlungsbeginn bleibend umorientiert.«

Für manche Fälle von Progenie bieten sich Frühbehandlungen mit dem Elastisch-Offenen Aktivator an (Bild 45):

Sch., Sandra, 4 Jahre, 10 Monate alt, hatte einen EOA in Verbindung mit einer Kopf-Kinnkappe 3 Monate getragen. Die rechten Modelle wurden nach Durchbruch der ersten Molaren hergestellt. Das Ergebnis ist rezidivfrei geblieben. Mit wenig Aufwand konnte eine schwere Anomalie verhindert werden.

Im allgemeinen verordnen wir aber, wie üblich, bei Progenie im Milchgebiß eine Kopf-Kinnkappe. Sie wird nach Rezept in einer orthopädischen Werkstatt hergestellt. Störende Zahnspitzen werden abgeschliffen. Wir ersparen uns und dem Kind individuelle Geräte.

Der Vollständigkeit halber sei aber mitgeteilt, daß auch Spätbehandlungen mit dem EOA rezidivfrei zum Erfolg führen:

P., Carola, 14 Jahre, 5 Monate. Bild 46 zeigt den Zustand nach 15 Monaten. Erweiterung der Kiefer um 5 mm, Einstellung der Bißlage, Beseitigung des tiefen Bisses. Zwei EOA. Doch wird eine derartige Behandlung zu den Ausnahmen gehören. Der Patient muß viel Geduld und Verständnis aufbringen zu einer Zeit, in der er durch Unterricht und andere Aufgaben sehr in Anspruch genommen ist. Zahnstellung und Kieferhaltung sind in diesem Alter weitgehend fixiert.

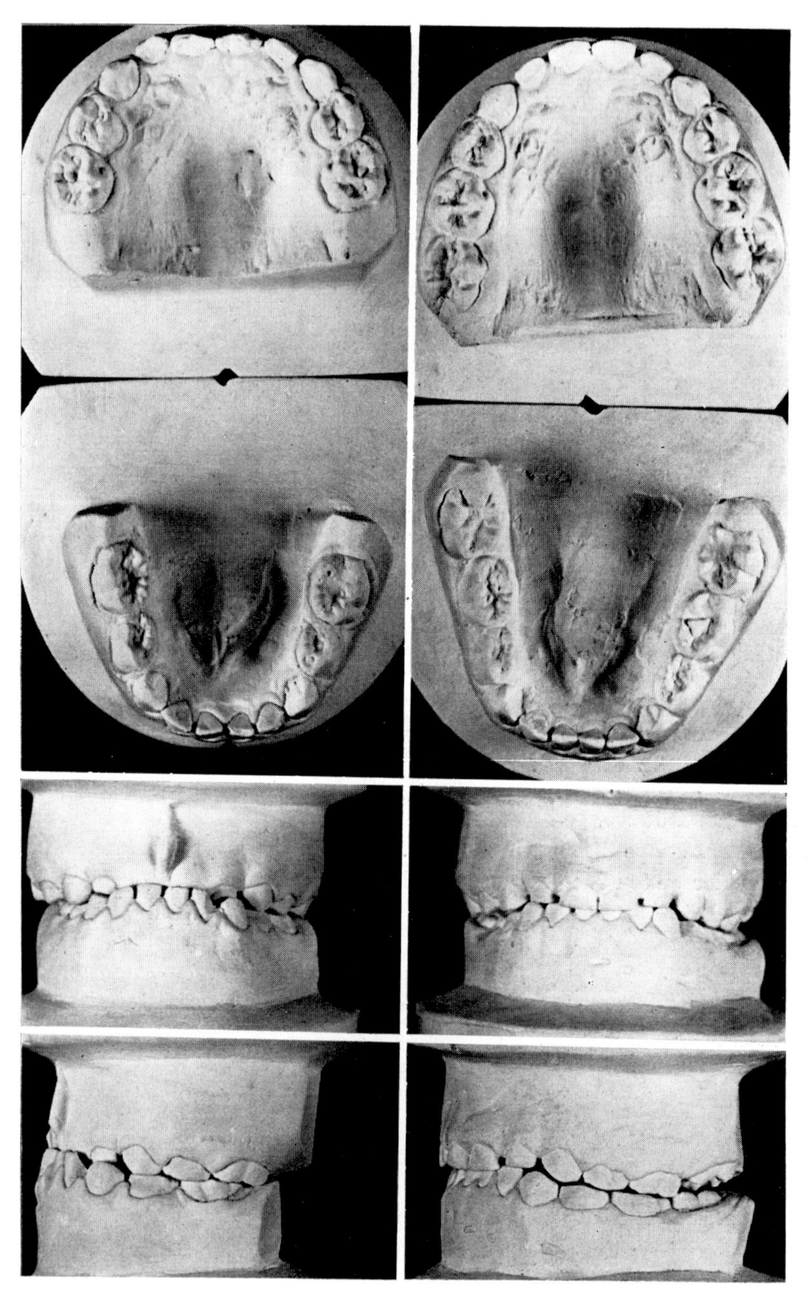

Bild 45 Sch., Sandra. Frühbehandlung einer Progenie. Ein EOA drei Monate getragen, gleichzeitig Kopf-Kinnkappe. Ohne Rezidiv

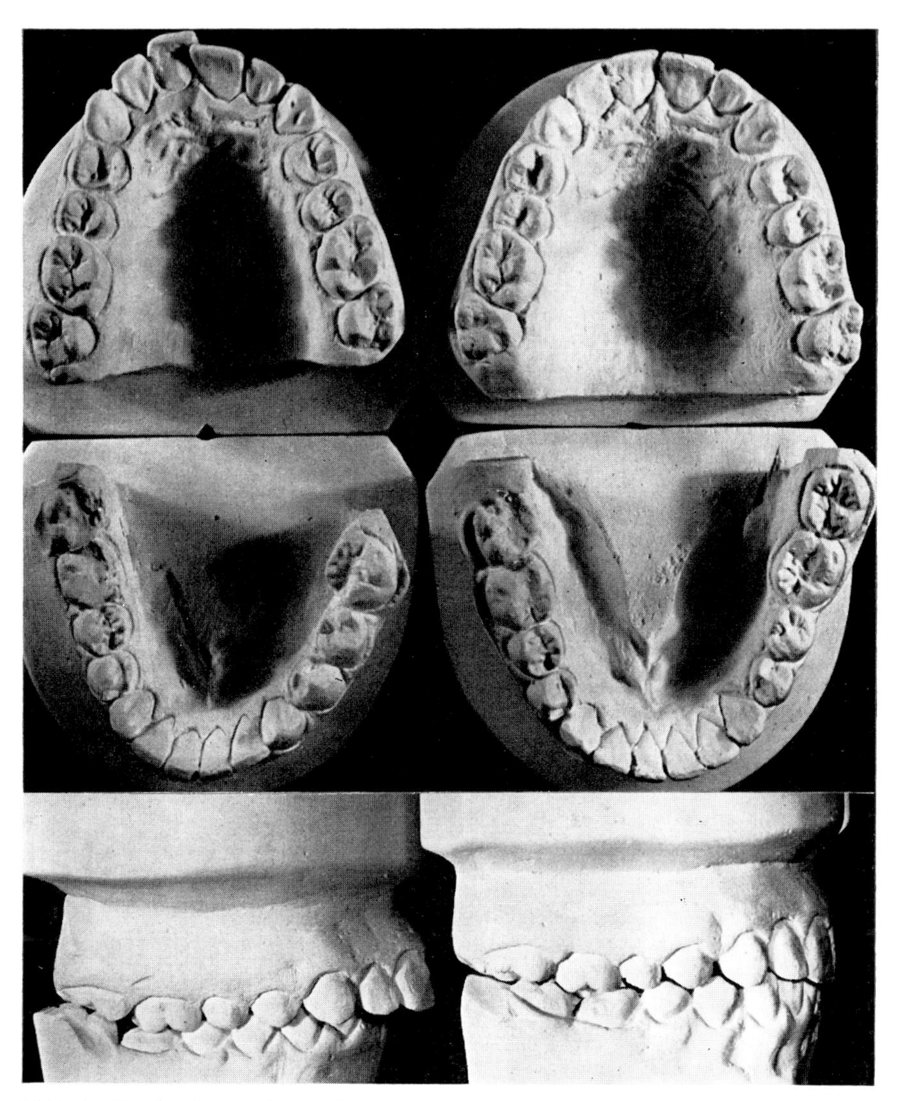

Bild 46 P., Carola. Spätbehandlung 14,5 Jahre. Zustand nach 15 Monaten, ein EOA. Kein Rezidiv

12.2. Einfluß des Elastisch-Offenen Aktivators auf die Kieferentwicklung

Der EOA liegt labil im Mund. Es sind keine aktiven Kräfte wirksam. Die Kiefer werden zu natürlicher Entfaltung veranlaßt. Die durch das Gerät übermittelten Impulse verursachen keine »Dehnung«, sondern eine »Erweiterung« der Kiefer. Die Zähne werden nicht über den Alveolarfortsatz gekippt wie bei Überforderung mit der aktiven Platte oder mit festsitzenden Geräten. Alveolarfortsatz und Gaumendach sind ebenso an der Entwicklung beteiligt.

Die Zunge ist der dominierende aktive Faktor. Nach Rakosi (24) sind die von der Unterkieferbewegung unabhängigen Lageveränderungen der Zunge hauptsächlich an der Zungenspitze feststellbar, während sich die übrigen Zungenteile zusammen mit dem Unterkiefer bewegen.

Hensel (12) hat in einer Arbeit über »Möglichkeiten der qualitativen und quantitativen funktionellen Befunderfassung« die Hauptfunktionen des orofazialen Systems untersucht und die Drücke gemessen. Der gemessene Kaudruck beträgt unter physiologischen Bedingungen 98 kPa bis 490 kPa (1–5 kp/ cm^2). Aber nicht nur das Kauen, auch die Ruheposition des Unterkiefers stellt eine funktionelle Leistung der Kiefermuskulatur dar. Beim Schlucken findet bei eugnathen Gebissen Zahnreihenkontakt statt. Ein während des Schluckens auftretender okklusaler Kontakt löst Druckwirkungen zwischen 5,88 kPa und 54,94 kPa (60 und 560 kp/cm^2) aus.

Der periorale Weichteilandruck beim Schlucken ist geringer. Die oralen Funktionsdrücke sind signifikant größer als die vestibulären.

Die intraoralen (Zunge) und perioralen Weichteile zeigen aber auch bei relativer Muskelruhe einen »Ruhedruck« von 0,50 kPa und 0,28 kPa (5,1 und 2,9 p/cm^2). In Phasen intensiven Kieferwachstums überwiegen die oralen Weichteildrücke gegenüber den vestibulären im Verhältnis 2 : 1.

Diese Untersuchungsergebnisse erklären die oft überraschenden Veränderungen mit dem Elastisch-Offenen Aktivator. Da der EOA zwischen Zunge und Mundhöhle liegt, werden die von Hensel gemessenen Drücke in verstärktem Maße als Impulse übertragen. Der gesamte orale und periorale Bereich ist durch das dazwischengeschaltete Gerät veränderten Impulsen unterworfen.

Durch den Fremdkörperreiz des Gerätes werden häufigere vertikale, symmetrische und asymmetrische Kraftimpulse ausgelöst. Dabei sei an die eingangs zitierte Arbeit von Sander und Schmuth erinnert, die 300 bis 500 nächtliche Unterkieferbewegungen registriert haben. »Der Fremdkörperreiz des Behandlungsgerätes zwischen den Zahnreihen, der sich auf die sensiblen Nervenendigungen auswirkt, genügt offenbar allein, um Bewegungen der Kiefermuskulatur hervorzurufen« (Bimler 5).

12.3. Transversale Entwicklung

Bei den Interpretationen zu den vorgestellten klinischen Behandlungsfällen wurden bereits Angaben mitgeteilt über die transversalen Veränderungen, die durch das Tragen des EOA erreicht wurden. Um Übersicht über diese Entwicklungen zu ermitteln, wurden vor längerer Zeit 120 Fälle registriert, bei denen ein EOA 2 Monate oder länger getragen worden war. Es fand keine Selektion statt. Die Messungen wurden der Reihe nach, wie die Kinder in die Sprechstunde kamen, vorgenommen. Darunter waren auch solche Fälle, bei denen keine Breitenentwicklung erwünscht war (Breitkiefer, Extraktionsfälle) sowie Kinder, die ihre Geräte nicht nach Vorschrift getragen hatten.

1. Die größte transversale Erweiterung wurde jeweils bei den oberen Molaren gemessen. Die Erklärung ist durch die Anatomie der Alveolarfortsätze gegeben. Der Oberkiefer entspricht einer nach hinten offenen Parabel und besteht aus spongiöser Knochenstruktur. Der untere Alveolarfortsatz dagegen ist mit der aus fester Kompakta bestehenden Mandibula verbunden.

2. Beim Schmalgesicht waren die gemessenen transversalen Werte geringer als beim Breitgesicht. Eine kontinuierlich metrisch vorausschaubare Kiefererweiterung ist bei funktionskieferorthopädischen Apparaten nicht zu erwarten. Das ist nur bei aktiven Dehnungen mit der Kraft und dem Ausmaß des Schraubengewindes möglich.

3. Weitere individuelle Faktoren sind die Dauer und die Intensität der Einwirkung des Gerätes sowie der Tonus der Muskulatur.

4. Im allgemeinen wurde eine Kiefererweiterung von 2 bis 3 mm in den ersten zwei Monaten gemessen. Die maximale Erweiterung mit einem Gerät waren 9 mm bei den oberen Molaren. Bei Verwendung von mehreren Geräten wurden im allgemeinen 6 bis 8 mm erreicht. Falls die oberen Molaren zu weit nach

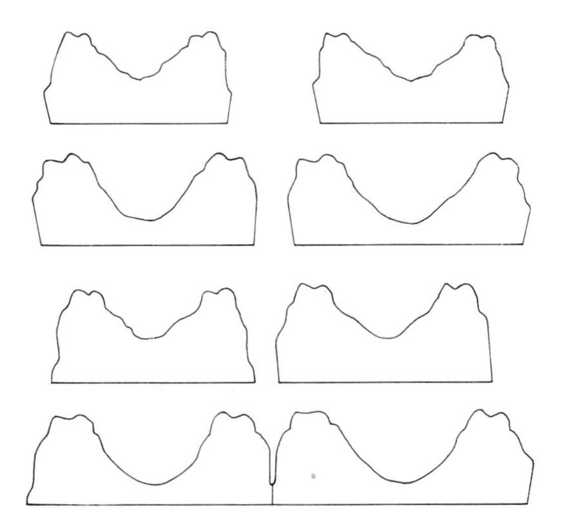

Bild 47 Gaumenkurven nach Kiefererweiterung

bukkal ausweichen, müssen die Konturen ausgeschliffen werden, damit an dieser Stelle kein Gerätekontakt mehr besteht.

Entsprechende Ergebnisse über die transversalen Veränderungen werden bei SURBER (28) mitgeteilt. Im Bereich der Vierer und Sechser wurden durchschnittliche Werte von 3 bis 4 mm registriert, wenn der Gaumenbügel nicht nachgestellt wurde. Bei Nachstellen des Gaumenbügels wurden transversale Entwicklungen bis zu 6 mm in sechs Monaten erreicht. »Nach Eingliederung des elastisch-offenen Aktivators wurde meist nach erfolgter aktiver Dehnung eine Weiterentwicklung in der Transversalen beobachtet ... Das Gebiet formt sich nach dem Einsetzen des Gerätes im Sinne eines harmonisch ausgeglichenen Zahnbogens.«

Um die Veränderung des Gaumens zu überprüfen, wurden Modelle im Gipstrimmer so beschliffen, daß die Meßpunkte bei den Prämolaren und bei den Molaren sichtbar wurden. Trotz Erweiterung des Zahnbogens um mehrere Millimeter stehen die Zähne gut auf dem Alveolarfortsatz. Die harmonische Erweiterung des Gaumens ist sichtbar (Bild 47).

12.4. Einfluß auf das sagittale Wachstum

Das sagittale Wachstum kann durch Photostataufnahmen vor und nach einer kieferorthopädischen Behandlung dargestellt werden. Vergleichende Fernröntgenaufnahmen vermitteln die Veränderungen an skelettalen Strukturen. Photostataufnahmen geben Auskunft über den Phänotyp, über die Veränderungen des Gesichtes. Sie ermöglichen gleichzeitig eine ästhetische Aussage.

Vor und nach einer Behandlung werden Photostataufnahmen im Mittelformat 6 × 6 cm vorgenommen im Größenverhältnis 1 : 4 linear. Zur Überprüfung der Veränderungen werden die Negative nacheinander in den Vergrößerungsapparat gelegt. Diesen stellt man auf den Abbildungsmaßstab 4 : 1 ein. Auf diese Weise wird die natürliche Größe des darzustellenden Profils erreicht. Hautporion und Infraorbitale dienen als Bezugsmerkmale für die Justierung der Negative im Vergrößerungsapparat. Die Projektion der Aufnahmen erfolgt auf Millimeterpapier. An den Durchzeichnungen der Profillinien beider Aufnahmen sind die Veränderungen metrisch abzulesen. Es ist auch erkennbar, welche auf das natürliche Wachstum während der Behandlungszeit zurückzuführen sind und welche durch die kieferorthopädischen Maßnahmen erreicht wurden.

Das sagittale Wachstum des Gesichtes während der Beobachtungszeit ist am Nasion oder an der Markierung der Infraorbitalpunkte abzulesen. Aus dem Vergleich mit diesen Werten sind die erreichten profilbezogenen Veränderungen zu ersehen.

Bei den Distalbissen (Bild 11) erkennt man das sagittale Wachstum des Unterkiefers, sichtbar und meßbar am Kinn und an den Lippen (Pogonion, Labrale superius und inferius) sowie an der Veränderung der Supramentalfalte.

Beim Deckbiß (Bild 19) sind ebenfalls der Ausgleich der Supramentalfalte und die Bißhebung zu erkennen.

Bei den beiden vorgestellten Fällen von Progenie (Bild 24, 26) sind die Lippenprofile, die Entwicklung des Subnasale und das im Wachstum zurückgehaltene Pogonion dargestellt.

13. Entscheidung bei kombinierter Behandlung

Bei einer kieferorthopädischen Behandlung besteht die Möglichkeit, zuerst die einzelnen Zahnreihen zu korrigieren und anschließend die Bißlage zu regeln. Aus biologischen Erwägungen und wegen der Entwicklungsphase des Kindes ist der Funktionskieferorthopädie der Vorrang einzuräumen. Die Umstellung der oralen Funktionen und die Anpassung der Kiefergelenke sollen möglichst früh erfolgen. Es wäre sogar zu wünschen, daß eine Behandlung mit funktionellen Mitteln noch früher, als angegeben, begonnen werden könnte. Dagegen spricht aber die nicht zumutbare lange Behandlungszeit bis zur Einstellung der zweiten Molaren. Für eine Behandlung mit aktiven Mitteln sind die Phasen des Zahnwechsels häufig ungeeignet. Wenn nach Einstellung der Bißlage noch Unregelmäßigkeiten innerhalb der Einzelkiefer bestehen, können diese anschließend mit aktiven Mitteln behandelt werden. Für die Entscheidung, daß zuerst der Regelbiß eingestellt wird, spricht auch die psychische Entwicklungsphase des Kindes. Auf die biologischen Motive wurde bereits hingewiesen. Ein acht- oder neunjähriges Kind ist eher bereit, ein bimaxilläres Gerät zu tragen als das ältere Kind. Die Anforderungen in der Schule sind in dieser Zeit noch geringer und die Kinder werden außerschulisch weniger beansprucht. Die Bindung an das Elternhaus ist in dieser Zeit noch inniger als später. Das Kind ist in dem Alter empfänglich für die Hilfestellung und den Zuspruch der Eltern. Aktive Platten und festsitzende Geräte akzeptieren auch das ältere Kind und der Jugendliche. Diese sind nicht oder kaum sichtbar und stellen keine Behinderung dar. Zusammenfassend kann gesagt werden, daß bei falschen Bißlagen eine kieferorthopädische Behandlung mit dem Elastisch-Offenen Aktivator begonnen werden sollte. Aus den klinischen Fällen ist zu ersehen, daß mit dem EOA umfangreiche morphologische Veränderungen erreicht werden, und daß der Zahnwechsel ungestört verfolgt und gesteuert werden kann.

14. Abschließende Beurteilung des Elastisch-Offenen Aktivators als funktionelles Behandlungsgerät

Der EOA ist ein funktionskieferorthopädisches Gerät mit biologisch-formativer Wirkung auf die Gestaltung der Kiefer, auf die Normalisierung der Bißlage und aller Funktionen des Mundraumes. Seine Wirksamkeit ist für die Eltern und für das Kind leicht verständlich. Die technische Herstellung ist unkompliziert. Die Behandlungstermine brauchen nur alle sechs Wochen gegeben zu werden. Weil das Gerät elastisch ist, ist es wenig störanfällig. Reparaturen sind selten und können meistens nach dem letzten Arbeitsmodell vorgenommen werden. Sobald das Kind gelernt hat, mit dem EOA im Mund zu sprechen, wird er nicht mehr als störend empfunden. Die Geduld des Patienten wird so wenig wie möglich in Anspruch genommen. Dafür sprechen die große Erfolgsquote und die geringe Zahl von Abbrüchen. Die in dieser Arbeit vorgestellten klinischen Fälle sind keine Besonderheiten, sondern entsprechen den täglichen Beobachtungen. Der Elastisch-Offene Aktivator ist deshalb ein rationelles Behandlungsmittel und für viele Indikationsbereiche anzuwenden.

Literatur

(1) *Bahnemann, F.:* Mundatmung als Krankheitsfaktor. Fortschr. Kieferorthop. *40* (1979), S. 117–136

(2) *Balters, W.:* Leitfaden der Bionatortechnik (1962). Handabzug und Vorträge

(3) *Baume, L.:* Schweiz. Monatsschr. Zahnheilkd. *57* (1948), zit. bei Witt (28)

(4) *Bierschenk, K.-H.:* Biegebänke für Drahtelemente in der Kieferorthopädie. Quintessenz *6* (1979), S. 59–63

(5) *Bimler, H.:* Vom Wesen der funktionellen Therapie. Fortschr. Kieferorthop. *15* (1954), S. 294–397

(6) *Bredy, E.:* Zur Indikation des offenen Aktivators. Dt. Stomatol. *14* (1964), S. 515–520

(7) *Bredy, E.; Reichel, I.:* Zahnextraktionen in der Kieferorthopädie, 2. Aufl. Leipzig: J. A. Barth 1977

(8) *Eschler, J.:* Der Zeitpunkt des kieferorthopädischen Behandlungsbeginns in Beziehung zum Entwicklungsstand der Gelenke und Parodontien. Fortschr. Kieferorthop. *27* (1966), S. 1–6

(9) *Fränkel, R.:* Funktionskieferorthopädie und der Mundvorhof als apparative Basis. Berlin: Verlag Volk und Gesundheit 1967

(10) *Fränkel, R.:* Technik und Handhabung der Funktionsregler. Berlin: Verlag Volk und Gesundheit 1973

(11) *Häupl, K.:* Funktionskieferorthopädie. 4. Aufl. Leipzig: J. A. Barth 1945

(12) *Hensel, S.:* Möglichkeiten der qualitativen und quantitativen funktionellen Befunderfassung. Manuskript-Vortrag. Erfurt 1978

(13) *Herren, P.:* Form und Funktion in der kieferorthopädischen Therapie. Fortschr. Kieferorthop. *24* (1963), S. 328–342
(14) *Hoffmann-Axthelm:* Zahnärztliches Lexikon. J. A. Barth (1968) 346. zit. Robin
(15) *Klammt, E.:* Über die Wirkung der Oral Screens nach Kraus auf die durch andenoide Wucherungen bedingte Mundatmung. Diss. Halle 1962
(16) *Klammt, G.:* Der offene Aktivator. Dt. Stomatol. *5* (1955), S. 322–327
(17) *Klammt, G.:* Erfahrungen mit dem offenen Aktivator. Fortschr. Kieferorthop. *30* (1960), S. 124–129
(18) *Klammt, G.:* Die Arbeit mit dem Elastischen Offenen Aktivator. Fortschr. Kieferorthop. *30* (1960), S. 305–310
(19) *Klammt, G.; Schwartz, G.:* Veränderungen der Bißlage bei kieferorthopädischen Arbeiten. Dt. Stomatol. *20* (1970), S. 432–434
(20) *Klammt, G.:* Veränderungen des Profils bei kieferorthopädischer Extraktionstherapie. Dt. Stomatol. *22* (1972), S. 538–544
(21) *Klammt, G.:* Die Herstellung des Elastisch Offenen Aktivators. Zahntechnik *11* (1970), S. 474–478
(22) *Klammt, G.:* Hinweise zur Herstellung des Elastisch Offenen Aktivators. Zahntechnik *20* (1979), S. 96–101
(23) *Kraus, F.:* zit. bei Reichenbach. Kinderzahnheilkunde im Vorschulalter. J. A. Barth (1967), S. 354–356
(24) *Rakosi, T.:* Die Zunge im Fernröntgenbild. Fortschr. Kieferorthop. *25* (1964), S. 373 bis 378
(25) *Sander, F. G.; Schmuth, G. P. F.:* Der Einfluß verschiedener Bißsperren auf die Muskelaktivität bei Aktivatorträgern. Fortschr. Kieferorthop. *40* (1979), S. 107–116
(26) *Scheffler, B.:* Ein Beitrag zur Indikation der Bionatorbehandlung nach Balters im Rahmen der modernen Funktionskieferorthopädie. Fortschr. Kieferorthop. *31* (1970), S. 287-308
(27) *Schönherr, E.:* Die Bedeutung der Mundvorhofplatte für die kieferorthopädische Frühbehandlung. Fortschr. Kieferorthop. *28* (1967), S. 275–285
(28) *Surber, H.:* Vorläufige Ergebnisse mit dem Elastischen Offenen Aktivator nach Klammt. Fortschr. Kieferorthop. *31* (1970), S. 259–308
(29) *Witt, E.; Baumgartner, G.:* Experimentelle Untersuchungen über die Zungenfunktion beim Tragen des Aktivators. Fortschr. Kieferorthop. *31* (1970), S. 109–126
(30) *Witt, E.:* Der kieferorthopädische Behandlungsbeginn. Zahnärztl. Welt/Rdsch. *78* (1969), S. 939–942
(31) *Witt, E.:* Das Verhalten der Weichteile und der skelettalen Parameter bei der kieferorthopädischen Behandlung. Fortschr. Kieferorthop. *39* (1978), S. 123–132

Sachregister